發現

台灣老樹

沈競辰◎著／攝影

晨星出版

【序言】

　　這是筆者第二本自然觀察的書籍，內容是對台灣山林中的巨木與鄉間平地老樹的觀察。筆者對台灣老樹的記錄，起源自民國78年台灣省政府農林廳推動的老樹調查計畫，由各縣市政府報上共計852棵老樹，至民國81年要做統整與檢討，筆者的恩師陳明義教授接下了這個全台灣奔波調查的苦差事，農林廳羅華娟小姐負責行政聯絡，楊正澤副教授負責動物相，當時的研究生陳瑩娟、江英煜負責記錄老樹生長狀況及附生植物，筆者則負責攝影存檔的工作。

　　探訪老樹中最困難的事就是在找路，在當時市售的地圖上，有許多鄉村道路無法找到，軍用地圖最詳細，但因為是管制品而無法取得。4~5個人擠在一部車中，只憑藉一個地址開幾百公里去找一棵樹談何容易，而且許多老樹都位於深山，連當地人都不甚了解，問路也問不出所以然來，還鬧出許多笑話。在既沒有詳細地圖，又沒有日後的GPS全球衛星定位系統導引，我們只有一路摸索，跑了不計其數的冤枉路。除了中途的路程外，我們從日出摸索到天黑，平均一天要記錄10棵樹以上，辛苦可見。因此筆者出這本書時，堅持要附上老樹的地圖，以免日後愛樹人要欣賞老樹時還要飽嚐找路之苦。

　　經過民國82~83年全台灣的普查，我們將每棵老樹一一建檔整理，陳明義教授與楊正澤副教授將兩年來的心得撰寫成書，於民國83年12月出版了「珍貴老樹解說手冊」，後來陳教授從800多棵平地老樹中辛苦篩選了樹齡特別老、具有優先保護價值的200多棵老樹，於民國84年出版了「台灣老樹誌」一書，本書所介紹的各地方老樹，大多是依照該書所記錄，配合各地方政府出版的各縣市老樹調查報告，為台灣老樹做一完整紀錄。

　　精省後老樹保護業務交由地方農業局負責，在經費拮据下，老樹保護業務多已停頓。筆者深覺台灣老樹應該還有許多發揮的空間，所以當計畫結束後，決定繼續以自己的想法另起爐灶，尤其是在山林中的巨木、各老樹地圖，以及老樹畫面品質等部份的加強。

　　在自行調查期間，雖然歷過母親重病，921大地震讓台中住家嚴重

損毀，造成許多手繪地圖資料流失，以及在外賃屋半年的困擾等等，其間曾幾度想放棄，但後來經晨星出版社總編輯林美蘭小姐的鼓勵，終於在民國91年開始將手邊資料加以編撰，歷經一年半完成手稿及地圖繪製，終至編輯成書。

這本書容主要包含四部分。第一部份世介紹一些讀者在參訪老樹前對樹木應有的基本概念，如老樹的定義、老樹的世界記錄、台灣最老的森林等。第二部分介紹台灣山林及平地的巨木老樹，筆者選了約200棵最具代表性的老樹，每棵老樹至少都跑過2~3次以上，以記錄歲月及季節的變化，並為每棵樹寫了一篇老樹歷史的短文，以增加讀者對老樹的認識與深度感，同時附上每棵老樹的地圖以方便尋找。第三部分是老樹的生態，敘述與老樹共同生活的動植物，一棵大樹事實上就是一個生態系，有不計其數的生物在老樹上棲住，這些生物各以不同的方式與老樹互相影響。最後一部份介紹老樹與人的關係，其中探討了老樹在傳統民俗上的地位、老樹與保育的問題，亦期望能透過這本書對老樹保育工作盡一份心力。

這本書前後歷經10年的調查工作，期間獲得許多先進、好友的幫助與關懷，首先當然要感謝恩師陳明義教授及楊正澤教授的提攜，讓筆者對老樹建立初步的概念；羅華娟小姐於農林廳任職期間大力支持，並親身參與老樹調查計畫；特有生物研究保育中心沈秀雀小姐提供各縣市最新老樹名錄；陳瑩娟學妹幫忙核對、訂正老樹檔案照片；江英煜學弟幫忙繪製手繪圖，並調查老樹上的附生植物；愛樹協會施天福先生提供老樹最新資料；台中縣鄉土研究學會好友劉順發先生開著吉普車，與筆者3個月內跑完台灣10大巨木，銘感五內；林務局楊秋霖先生提供大作；陳信佑學弟與筆者歷經辛苦，登上雪山翠池測量台灣最老的森林；撰寫各縣市老樹源流與掌故傳說的各位先生、女士都深致謝意！最後要感謝鄉土研究學會各位伙伴的互相勉勵，晨星出版社陳社長、總編輯林美蘭小姐、編輯楊嘉殷的耐心與努力，這本書才有面世的一天。

沈競辰

【前言：一棵老樹、一個世界】

【老樹的回憶】

老樹是大自然最年長的生物，其生命力可長達數千年。

老樹是大自然最高大的生物，最高的老樹高度可超過一百公尺。

老樹是大自然中最龐大的生物，一棵巨大的神木重量可達數百噸。

在每一棵老樹的背後，都隱涵著一個優美、浪漫、甚至蒼涼的故事……

　　若要以一種生物來代表生命的韌性與堅持，那老樹絕對是最好的代表。老樹沈默的接受了大自然數千年的歲月洗禮，從一棵種子萌發逐漸長成一棵高聳的巨木，中間經過多少洪水、乾旱、火燒，最後還要幸運的逃過人類的刀斧。老樹能存活至今的確是自然界最偉大的奇蹟之一。

　　生命的本質是什麼，這似乎是一個永遠等待解答的謎，當人類掌握了DNA中A-T-G-C的序列，當上帝的秘密已不再是秘密，人類已經有能力扮演上帝時，請再思考一下，我們有上帝的智慧嗎！當我們有能力為我們的後代選取任何我們認為是「好」的基因時，好與壞的定義在上帝的天秤上會如何評量。

　　站在一棵老樹之下，似乎一切時間的問題都找到了答案。老樹像一位寬大慈祥的長者，安詳的看著人世間的過往滄桑，老樹寬大的樹冠包容並庇佑了樹下的芸芸眾生。在樹下，時間似乎已經靜止，享受著夏日習習的涼風，可以悠閒的欣賞街道及匆匆過往的人車。

　　老樹與小廟是台灣鄉土原始與典型的風貌，村民敬樹、拜樹是傳統的民俗，但在人與人、人與土地的關係逐漸疏離，並以粗糙淺薄的態度對待鄉土的今日，許多老樹都面臨了被遺忘、壓迫的命運。與垃圾為伴，被擠壓在狹小的空間裡；甚至失去尊嚴，成了大家樂迷逼求明牌的工具。期待經由本文喚回我們深藏心中對鄉土的深刻記憶，也期望朋友們能多給老樹們一份關懷與愛心。

　　小時候，鄉下家裏有一個好大、好大的院子。在院子裏有兩棵大樹，斑剝的樹皮留下了許多歲月的痕跡。老樹的樹頂好像高到雲端，每

次抬頭仰望這兩棵樹的樹梢，總是看到脖子發酸，卻還看不到頂。在大樹的樹蔭下，曾經有過許多愉快的童年回憶。在我唸書的小學教室裏就可以看到那兩棵樹，每次我都很驕傲的指著那兩棵樹，告訴同學我家就在那裡。

然而好景不長，隨著都市化的腳步越來越近，兩棵老樹遭到了砍伐，我所居住的社區也面臨改建為公寓的命運。這幾十年走過來，原來竹林遍佈的家鄉已經成為車水馬龍的鬧區，然而這兩棵陪伴我走過童年的老樹，仍深深刻印在我的回憶中。

這是我小時候的經歷，不知朋友們是否也有類似的經驗呢？台灣原本是覆蓋著綠色叢林的美麗之島，多種植物構成的森林在陸地上形成一個維持生命的綠色地毯，讓荷蘭人在400年前登陸台灣時，不禁讚嘆「福爾摩莎」，亦即美麗之島。從先民渡海開闢墾荒，台灣的原始森林經過數百年披荊斬棘以啟山林的結果，低地平原及山坡幾乎已被砍伐殆盡，以前的森林早已消失變為農田、城鎮了！至於山林中的巨木，像紅檜、扁柏、樟樹都是一級的優良木材，從日治時代至今百年間，已經幾乎被砍伐一空。還好在一些山林、鄉村內仍然保留了少數年老的大樹，是當年原始森林僅有的紀錄。在重視生態保育的今天，這些彌足珍貴的自然遺產實在值得我們好好保護、珍惜！

沈競辰 2003.12.

目次

contents

序言 002

前言：一棵老樹、一個世界 004

壹、老樹的基本資料 009

1.老樹的定義 010

2.老樹年齡的測量 012

3.老樹之最 015

　①世界最大、最高、最老的老樹 015

　②台灣最古老的森林 021

4.樹的欣賞 024

5.賞樹前的準備工作 028

貳、老樹樹種介紹 031

參、老樹生態系 061

1.老樹的生命循環 062

2.老樹的依附植物 064

3.老樹的伴生動物 083

肆、台灣山林中的巨木 087

伍、台灣鄉間老樹 109

1.台北市的老樹 110

2. 台北縣的老樹 122

3. 桃園縣的老樹 154

4. 新竹縣市的老樹 162

5. 苗栗縣的老樹 204

6. 台中市的老樹 224

7. 台中縣的老樹 234

8. 南投縣的老樹 268

9. 彰化縣的老樹 306

10. 雲林縣的老樹 326

11. 嘉義縣市的老樹 352

12. 台南縣市的老樹 382

13. 高雄縣市的老樹 404

14. 屏東縣的老樹 416

15. 澎湖縣的老樹 442

16. 宜蘭縣的老樹 446

17. 花蓮縣的老樹 472

18. 台東縣的老樹 494

陸、老樹與民俗、保育 514

結語 535

引用文獻 536

壹.

老樹的基本認識

老樹的定義

　　中國自古以來就是崇敬樹木，能體認大自然，與之和諧共處的民族，對自然的事物有著高度的體認。人們砍伐樹木、利用木材，但是對於象徵自然精神的大樹仍是無比崇敬。在《莊子》中就記載著祭祀老樹的事蹟，在山東曲阜孔廟前，子貢所種植的楷木（黃連木）已有2000多年的歷史，樹木長久以來就與人類建立了非常的深厚的關係。

　　樹木從種子發芽開始，就不斷日積月累進行營養生長，累積體質，隨著高度與樹圍的累積，樹冠也逐漸擴大，經過百年之後而成大樹。大樹歷經自然界的風、霜、雨、雪洗禮，高大的樹身、蒼老的樹皮會讓人產生油然而生的崇敬之感。歐美習稱這些樹木為巨木（giant tree），日本人認為有神靈庇護而稱為神木，中國大陸則稱為古樹、名木。台灣通常將鄉鎮聚落的大樹稱為老樹。「樹大有神！」，當百姓認為樹有靈性，用紅布包纏樹幹以示尊崇，就可稱為神木。而山林中的高大樹木，林務局則稱為巨木，退輔會森林保育處則稱為神木。究竟是以什麼標準稱之為老樹、巨木、神木？其實各方說法不同，也無統一的標準。省政府農林廳為加強平地老樹的保護，於1989年實施珍貴老樹保育計畫，訂定珍貴老樹的定義為：1.胸高直徑1.5公尺以上（胸圍4.7公尺以上）。2.樹齡100年以上。3.特殊或具區域代表性的樹種，是較為明確的定義。

　　陳定南先生任職宜蘭縣長時曾下達行政命令，將各公家機關、學校內樹徑20公分以上的樹木認定為老樹，不得砍伐。林務局楊秋霖先生則認為山林中的巨木樹齡應超過千年或胸圍超過8公尺以上，才可稱為神木。而林務單位當年砍伐的紅檜、扁柏胸徑最少也有一公尺以上，數百年生。一般而言，山林中的巨木在體積與樹齡上都遠超過鄉鎮的老樹，不過並不能因此輕視平地的老樹。樹種不同，在植物

地理學、生態學、民俗學上，這些平地與鄉鎮的老樹都絕對有其不可抹滅的地位。

　　老樹是一相對的稱呼，不同樹種間，生理壽命也有很大的差距。玉山圓柏樹齡可超過3000年，生長的極慢，胸徑1公尺樹齡已達2000年，平均一年才增粗0.5公釐。檜木超過千年的比比皆是，一千年的紅檜平均半徑每增厚1公分需12.5年。在低海拔的樟樹、茄苳樹齡可達2~300年。速生樹種的相思樹、苦楝超過百年的已屬罕見。

　　不同樹種間生長速率也不同，闊葉樹種中，名列闊葉一級木的毛柿、象牙樹100年生，樹幹不過30公分；而榕樹30年已成大樹。不同的環境當然也會影響樹木的生長，樹木生長的速率會受年齡影響，幼年樹生長的最快，老齡樹生長的減緩，甚至會逐漸凋萎。在不良的環境中，一棵已經百年的紅檜，甚至會在胸徑10公分左右的情況下，苟延殘喘地生活著。大樹不見得就老，老樹不一定就大！一般來說，「速生速死」乃是大自然不變的法則。

老樹年齡的測量

桃園縣復興鄉拉拉山的紅檜巨木（達觀山18號）於1973年11月發現。當時公佈這株巨木的年齡約為5000年，後經美國專家鑑定，其實是由兩棵紅檜並生，實際年齡只有2000年左右。溪阿縱走途中的眠月神木，原先估計為4100年，後來又估算為2700年。溪頭神木原先估算為2800年，後經黃英塗技正重新估算為1400年。年齡估算差距如此之大，實在很不符合科學精準的精神，所以巨木實際年齡的鑑定，正考驗著科學家的智慧。

通常樹木年齡的測量有下列方法：

年輪測定法：

一般最常用來測量樹木年齡的方法，就是將樹木砍倒後計算樹幹上的年輪，樹幹加粗是表皮下一層非常薄的形成層細胞不斷分裂的結果，由於春、夏、秋冬氣溫的變化，讓形成層分裂的速度不同，而產生深淺不同的顏色，生長慢的細胞小而緻密就產生深色；生長快的細胞大而稀疏就產生淺色，讓樹幹橫切面產生同心圓顏色的交替變化。每一年由季節變化會產生一圈年輪，計算樹幹年輪多少就可以知道樹木的年齡。

生長錐測量法：

為了計算年齡而將保育的巨木砍倒實際上並不可行，因此另一種替代的生長錐測量法應運而生。生長錐為一中空螺旋形的鋼錐，由樹幹上鑽孔通到樹心，然後由生長錐中取出鑽下的木條計算年齡。不過這也有缺點，生長錐最長不過一公尺，許多巨木的樹幹直徑都超過2公尺以上，生長錐無法鑽到最深處；若遇到空心的樹木也無法使用，所以在使用上還有缺點。

碳14測定法：

測量古生物的年齡，目前一般都採美國化學家李比（W.F.Libby）

於1947年提出的碳14定年法。碳14為不穩定的放射線同位素，自然界中碳14在碳中的含量一定，當生物死亡時，由於停止向外界攝取新的碳，其體內的碳14就隨著蛻變（半衰期為5568年）逐年減少，故由碳14在碳中的含量比，可正確的推算出死亡至今的時間。

這種方法可以相當準確的測量古代樹木的死亡時間。但如果用在活的樹體上，雖然樹幹中央的細胞已經死亡，但同樣面臨到如何採到包埋在樹幹最中心，這棵樹最早生成組織的問題。而且碳14測定法大都用來測量千年以上的古物，許多老樹年齡都還超過千年，所以並不實用。所以老樹年齡的測量至今還沒有能夠不傷害樹體且能正確得到資料的方法。本書所列巨木、老樹的年齡均為概估值，有可能與實際年齡上有相當大的誤差，在此必須要先向讀者說明。

老樹可以告訴我們甚麼 —— 古樹年代學

對於環境對生物所施的壓力，可從樹幹表現出來。形成層的分裂與環境因子有密切關係，形成層所分生的細胞大小、顏色深淺及層次多寡，均受養分、水分、溫度……等環境因子的影響。年輪能將每年環境的變化忠實的記錄下來，因而成為研究樹木年代和古時候生態的最佳材料。

舒曼發現4600年的刺果松時，是使用道格拉斯所創的跨算法（cross-dating）計算年齡的。道格拉斯本來是天文學家，西元1900年左右，他為了獲得史前氣象資料，便假設這些資料或許可由生存年代比人類久遠的老樹中得到，他開始研究亞利桑那州北部花旗松的年輪，也因而發明了精密的跨算法。這個方法是用生長錐鑽取某樹所得的木條，再和鄰近的樹所取得的樹小心對照，找出缺失年輪與多重年輪部分，進而求得正確樹齡及萌芽和死亡的時間。由於此種方法的使用，而產生了古樹年代學（Dendrochranology），道格拉斯因而被譽為古樹年代學之父。

跨算法是選取木質部完整的樹木或今年砍伐的天然林殘幹、古代建築用材、廢墟上的木頭等（但兩兩間需有年代上的差異和重疊，

重疊年代至少需50年以上，才能得到準確的結果）。以現有的氣象資料與現存樹木的年輪相對照，求出氣象變化與年輪變化間的相關性，將這些相關性應用到無氣象資料可查的年輪部分，推出當時的氣象狀況。再利用年代上的重疊，找出另一樹幹的年輪與氣象變化間的相關性，由此相關性推測年代不重疊處的氣象。如此輾轉推演，可推測得到許多古代的氣象資料。

老樹之最

　　樹木生長於天地之間，經歷自然的生死循環，原本並無大小的區別，每一棵樹都在生態系中扮演自己的角色。然而天下本無事，庸人自擾之，總有一些好事之人要將樹木論年齡、比大小。當然這是出於人類好奇之心，無可厚非，老樹或巨木的排名也是很好的解說材料，能吸引民眾產生對老樹的關心。但先決條件是一定要對老樹有良好的保護措施，否則愛之是以害之。

　　所謂人怕出名，豬怕肥！老樹隱居山林間，過了千百年清幽安靜的日子，沒想到出名後卻加速了老樹的衰亡。好奇遊客的踐踏，破壞了老樹周遭脆弱的生長環境，剝取樹皮、刻字等的不當行為等於宣判老樹死刑。

　　著名的拉拉山神木群，在開放遊客參觀後8年期間，據楊秋霖先生的記載，就有10.15.17三棵巨木傾倒，18號巨木被人為火燒，另外8號巨木被雷擊死，共計死亡四棵，重傷一棵，可謂損失慘重。老樹經過千百年的歲月洗禮，能殘存至今日，可說是自然界的珍貴遺產，值得大家珍惜。下面就為各位介紹全世界最大、最高、最老的樹。美國加州集天地之精華，同時擁有全世界最大、最高以及最老樹的紀錄。樹木的生長是一個動態的過程，新枝不斷在生長，老幹同時也在衰退，所以讀者看到的巨木測量數字會隨測量時間而有變化。

世界最大的樹

　　生長在美國加州山紅木國家公園（Sequoia National Park）與帝王峽谷國家公園（King Cayon National Park）中的的山紅木（或譯長葉世界爺）以材積來說是世界最大的樹木，也是最巨大的生物。

　　山紅木學名：*Sequoia sempervirens* (D. Don ex Lamb.) Endl.，屬於杉科。山紅木是由1852年，一位名叫奧古斯都·T·杜德(Augustus T.Dowd)的獵人所發現，他在加州北部追逐一群鹿時，偶然發現一株

如巨塔般的巨木，杜德是頭一位看到這種巨樹的白人。不久，一位聞訊而來、名叫韓福德的人，剝下這棵樹外圍長達116呎的樹皮，送到紐約展覽。許多看過韓福德展覽品的人，根本不相信這塊樹皮是出於一棵樹。

在山紅木國家公園的巨林（Giant Forest）中有數百棵巨大的山紅木，它們紅棕色的樹幹，高大挺直的身軀，形成國家公園內視覺的焦點。這些山紅木平均高度達26層樓，每一年還會產生40立方英尺的木材。其中最巨大的一棵山紅木為紀念美國南北戰爭英雄，而被稱為薛曼將軍樹（General sherman tree），樹高根據2002年12月最新的測量值為274.9英尺（約84公尺）；地際樹圍102.6英尺（32.9公尺），1975年測量材積52,508立方英尺（約1485立方公尺），重量達1,256公噸，約與一艘驅逐艦相當。

⬆ 美國加州的山紅木是全世界最大的樹。

除了薛曼將軍樹，另外全世界最大的4棵山紅木測量數值如下：

華盛頓樹（Washington tree）
樹高254.7英尺，地際樹圍101.1英尺，材積47,850立方英尺。

格蘭特將軍樹（General Grant tree）
樹高268.1英尺，地際樹圍107.5英尺，材積46,608立方英尺。1926年由卡文·科立芝總統指定此棵樹為國家耶誕樹，每年耶誕節都有數百人來這棵樹下舉行耶誕宴會。

總統樹（President tree）
樹高240.9英尺；地際樹圍93.0英尺；材積45,148立方英尺。

林肯樹（Lincoln tree）
樹高 255.8英尺；地際樹圍98.3英尺；材積44,471立方英尺。

　　學者估算這些全世界最大的生物，年齡從1800~2700年不等，這些自然界的遺產經歷了無數的火災、乾旱以及水患而留存至今，每年有數以萬計的遊客前來瞻仰這些巨樹，希望能妥善保護，讓它們永遠悠然存於天地之間，激勵著一代又一代的瞻仰者。

世界最高的樹

　　全世界最高的樹到底有多高？筆者閱讀過的一些文章中曾經提到澳洲的桉樹、印度的巨竹、棕櫚科的椰子都可以長到100公尺以上，但都沒有明確的測量數據。全世界有明確高度證據的最高樹是位於美國加州北部海岸的紅木國家公園中高大的紅木(red-woods)（或譯世界爺）。其中最高的一棵位於加州匈保得縣（Humboldt County）的紅木溪（Redwood Creek）邊，被稱爲「Mendocino Tree」的紅木，它的樹高367.5英尺（約112公尺），這是於西元1999年，由紅木國家公園與舊金山海岸紅木保育協會所公佈。

　　這棵名列金氏世界記錄的巨木並未設置特殊的標記，其位置也由國家公園保密，以免遭受好奇遊客的傷害。歷史紀錄是由另一棵被稱爲「Tall Tree」的巨木所保持，它的高度是367.8英尺，但是這棵高樹後來被暴風雪襲擊，頂端折斷10英尺，因此落在全世界最高樹木排行榜10名之外。

　　紅木學名爲*Sequoiadendron giganteum* (Lindl.) Buchh.，屬於杉科(Taxodiaceae)，與全世界最巨大的山紅木（或譯長葉世界爺）是同科不同屬的親戚。中興大學出版的「台灣樹木誌」列出兩屬間的不同點供讀者參考：

山紅木（長葉世界爺）*Sequoia*屬

葉二型，主枝者鱗片狀，側枝者線形排成二列，冬芽有鱗片，
每果果鱗15~20，種子具子葉2枚。

紅木（世界爺）*Sequoiadendron*屬

葉一型，卵形至披針形，緊貼或略微展開，冬芽裸露，每果果
鱗35~40，種子子葉多數為4（3~5）枚。

世界上最高的紅木多集中在在紅木國家公園的高樹林區(Tall Tree
Grove)，這裡有20幾棵紅木高度超過350英尺（106.75公尺），所以
世界最高樹的頭銜也這些樹之間更替。

高樹林區位於溪流旁的沖積扇，土壤肥沃，距離海岸僅數公
里，海水帶來潮濕的水分，加上溪谷較為幽閉，不易受強風吹襲，所
以該區的紅木會長的比其他區域的紅木更為高大。在樹形上，紅木
（世界爺）雖高，但較為細瘦，樹齡也較年輕，據專家估計，高樹林
區的紅木樹齡約在600~800年之間。山紅木（長葉世界爺）雖然沒
有高度超過100公尺的紀錄，但樹幹較為粗壯，因此世界最大樹的頭
銜還是落在山紅木身上。

紅木由於與已經消逝的樹種有遺傳上的關連，因此被視為活化
石。原來加州有81萬公頃的紅木原始林，經過多年砍伐後，超過
95%的紅木已經被破壞，僅存4%的原始林，1980年，紅木國家公園
被指定為世界珍貴自然遺產。

諾貝爾文學獎得主約翰·史坦貝克（John Steinbeck）在《與查
理同遊》（Travels with Charley）這本書中，對紅木做了如此的詮釋：
「從它們身上產生了寧靜與敬畏。這不在於它們那令人難以置信的龐
大身軀，也不只在於它們在你眼中看起來有著變化多端的色彩；而是
在於它們不像你我所認識的每一棵樹，它們，是來自另一個時代的使
者。」

世界最老的樹

一棵樹的年齡到底有多長，該如何估算？仍有許多爭議的空間！如果一棵樹的樹幹死亡，從根部長出二代木，年齡是要重新算起，還是要接續原先的年齡？如果你將一棵樹不斷加以無性繁殖（無性繁殖原理是利用植物的枝葉，經扦插、嫁接、高壓等方法，用人工的方式繁殖成另一棵植物體），那麼植物的壽命是否就會無限延伸？本文排除二代木以及人工繁殖的方式，只偏限於單一的一棵樹。

　　瑪士撒拉（Methuselah）意為長壽者，它是一棵位於加州白山（White Mountaun）殷友國家森林（Inyo National Forest）中的刺菓松（或譯為狐尾松）。這棵樹是由舒曼（Schulman）於1957年發現，年齡4,723歲，是全世界現今存活的最老的一棵樹。同樣的，為避免受到人為侵害，這棵老樹的位置也極度保密。

　　刺菓松原產於美國西南部海拔2,400~3,600公尺的山區。加州白山的殷友國家森林以及內華達州東部大盆地國家公園（Great Basin）惠勒峰是這種樹最有名的產區。白山當地擁有17株四千年以上的老樹。1965年，一位研究冰河時期氣候變遷的學者居里（Currey）在內華達州東部，發現了一株四千九百年的刺菓松，成為記錄上已知的最老的樹，但不幸的是，他為了計算此樹的年輪而將樹砍倒，使其成為科學研究史上的一大遺憾，現在殘存的一片樹幹還孤零零的懸掛在一家遊樂場的門口。

　　刺松學名為 *Pinus aristata Engelm*，屬於裸子植物門、松科、松亞科、松屬。葉五針一束，鮮藍綠色，可十幾年不凋謝。毬果長約7.5公分，熟時略

❶ 糾結的樹幹展現出歲月的刻痕與生命的韌性。
（陳偉立博士攝影）

似圓筒形，鱗臍具直長堅硬的刺，上有松脂滴覆蓋。結實力甚強，四千多年的老樹仍能產生毬果。

在白山上的刺菓松通常只剩下大部分已經枯死的樹幹，僅在背風面還殘存一絲樹皮以維繫養分、水分的輸送，枝條前端僅剩一些稀疏的綠葉，代表整棵樹蒼老的生命力，就靠這幾根枝條來維持了。

幼刺菓松通常具有數根明顯的主幹，幹基另有成簇枝條，花圈似地環繞著粗幹生長。環境適宜時，可形成根系相同、基部相連的多幹樹；環境不利時，簇狀枝條首先枯萎，然後輪到競爭力較弱的枝幹枯萎，最後僅剩下最強壯的樹幹一枝獨秀。若環境繼續惡化，則導致幹上部分枝條死亡，只有得天獨厚者才能苟存。

為何加州白山上的刺果松能活那麼久？這個問題可依植物本身和外在環境兩部分來解釋。

以「植物本身」來說，刺菓松或許天生具有長壽的潛能，也就是說，某些遺傳基因使它不易老化，能夠繼續不斷的生長。在雨量、養分不足的惡劣環境下，它生長得極為緩慢，結果木質部細胞排列的堅硬而緊密，更經得起大自然的風吹日曬。此外，松脂道、松脂量也隨環境的變劣而增加，松脂內或許還含有特殊的防腐成分，能有效的防止木材腐爛和其他生物的侵蝕。

以「外在環境」來說，白山上的高齡刺菓松，均位於海拔3048~3354公尺之間，遍地岩礫，土壤極為貧瘠，年雨量甚至低於25釐米的高地。能生存在這種極度乾旱環境下的生物極為有限，因此減少了生物間的競爭，使得白山上的刺菓松可比別處的刺菓松活得長久。

⬆美國加州白山上的刺菓松是全世界最老的樹木。
（陳偉立博士攝影）

發現台灣老樹

臺灣最古老的森林

台灣山林中的巨木爲數眾多，像鐵杉、冷杉、紅檜、扁柏等樹種，數百年生的比比皆是。而台灣最巨大的樹種——紅檜，更高壽達兩千歲以上，但台灣最高齡的樹木應該是玉山圓柏。玉山圓柏是台灣海拔最高的樹木，生長環境與世界最老的狐尾松相當類似，長期的積雪、低溫，以及貧瘠的土壤，使得玉山圓柏的

⦿玉山圓柏是台灣生長海拔最高的樹種，通常生長成矮盤灌叢。

生長非常緩慢。這種木材燃燒時會產生特殊的香味，所以又稱爲香青，分佈可高達海拔3952公尺的玉山山頂。

根據林務局楊秋霖先生推測，台灣最老的森林應是雪山山脈翠池的玉山圓柏林。根據台大植物系所做的調查研究，該地區的玉山圓柏胸徑一公尺的，樹齡已達2000年之久，在該地應該有高壽3000歲以上的老樹。

要去拜訪這些台灣最老的樹木可不容易，首先必須先依循登雪山的路線，從中橫公路轉支線到武陵農場，若時間許可，第一天先由果4區的雪山登山口攀登到七卡山莊，沿途都是之字形山路，七卡山莊設備頗爲齊全，床鋪、棉被一應俱全，有充足的飲水供應。

第二天再由七卡山莊登369山莊，腳程快的登山客往往一天就可往返雪山主峰與七卡山莊之間。不過若是貪快，就失掉沿途欣賞美麗風景的機會，所以還是建議按部就班，一步一腳印慢慢的走。沿途的風景逐漸改變，由哭坡以上，玉山箭竹及台灣冷杉逐漸成爲優勢種，再經過雪山東峰箭竹草坡到369山莊。山莊最醒目的地標是一片冷杉白木林，經過數十年風雨摧殘，大都已逐漸傾倒頹廢，369山莊雖也有床鋪、棉被供應，但常常斷水，要到前面的台灣冷杉黑森林補給飲水。第二天再由黑森林經過雪山圈谷到雪山主峰，在主峰下方有一片

↑ 到翠池要經過雪山主峰旁的陡峭的碎石坡。

森林火災所形成的玉山圓柏白木林，樹已死但枯幹猶存，值得駐足欣賞。

由雪山主峰向大壩尖山方向，從北稜角旁的碎石坡往下，在接近45度的斜坡行走時可千萬要當心，約經1.5~2小時可達翠池，翠池處於玉山圓柏林中央部分，池水清澈冷冽，四時不絕，是登山客補充飲水，搭營露宿的好地方，在湖邊還有台灣最高的土地公廟。

另外想說的是，在這裡草坡上散佈遺留的塑膠袋、鐵絲網架、食物空罐、保力龍空麵碗實在令人嘆息，人類破壞環境的力量真是無遠弗屆，連遠離塵世的地方都無法逃避。在公元2000年，來自各國的登山家及雪巴人所共同組成的登山團隊攀登世界最高的珠穆朗瑪峰，將歷年來各國登山客所遺留的垃圾、空氧氣瓶帶下山。希望在台灣的登山團體也能自律，遵守「只取鏡頭、只留腳印」的登山守則，這是題外話了。

經實地測量，該地有不少圓柏巨木胸徑都超過1.5公尺，筆者與林務局陳信佑先生曾在雪山頂峰附近發現胸徑1.6公尺的巨木，樹齡

估計應最少有3000年，甚至可能
有4000年以上也未可知。

⬆翠池是台灣海拔最高的湖泊，池水清澈涼冽。

　爲何這些樹木能夠如此高
壽？雪山翠池海拔約3500公尺，
爲著名的大壩尖山縱走雪山聖稜
線的中途休息站。翠池是台灣最
高的湖泊，周圍群山環繞，爲高
山間的谷地，附近的地勢較爲平
緩可以積蓄較多的土壤，加上周
圍高山屏障了強風入侵，長年的
低溫與積雪讓生長的速度極爲緩
慢，同時低溫也降低了病蟲害發
生的機會，所以在此地生長的玉
山圓柏可以直立生長成高大的喬
木。

　玉山圓柏在山頂迎風面因爲
強風與積雪的侵襲，常與玉山杜
鵑混生形成糾結低矮的矮盤灌
叢，若以各人意見，雖然沒有豔
麗的色彩，但玉山圓柏絕對是台
灣最美麗、最能代表台灣生命力
的樹種，人爲的盆景以仿自然爲
依歸，經過數十、甚至上百年的
雕琢才成老態。自筆者第一次登
山看到玉山圓柏後，就不再欣賞

⬆由於避風，玉山圓柏亦可長成高大的喬木。

人工的盆景了，那種歷經風霜歲月，渾然天成的木質紋理與白化的枝
幹，充分表露出生命的不朽韌性，絕非人工所能模仿與創造的。期望
這片圓柏林能躲過自然的災害與人爲的破壞，讓後世的子孫都能來此
瞻仰台灣最老的生命體。

老樹的欣賞

　　在一連串說理道法、引經據典的敘述文章之後，也留下一些篇幅給想像空間吧！老樹要如何去欣賞，從何種角度去欣賞？欣賞與美感當然會牽上關係，對於美，每個人都有不同的註解與體會。

　　以前看樹是計畫需求，完全談不上欣賞。所以第一、二年所拍的照片只是單純紀錄，不能拍出老樹的神韻與優雅。經歷了第三、第四年的接觸，開始有了一些感覺，逐漸能與老樹對話。現在來到老樹下，就像看到一個久未見面的老友，先敘敘舊，看看歲月是否又在老樹上留下一些痕跡，觀察老樹周圍是否有新的佈置與變化。老樹面對人類的對待，默然而無言的過了無窮的歲月，無數生命的爭鬥曾在老樹下發生，而老樹只是淡然看過這些過往雲煙。

❶筆者認為玉山圓柏是台灣樹形最優美的老樹。

　　現代社會的人們，每天急急忙忙穿梭於道路間，沒有餘暇也沒有心情去體會樹木顏色變化的優美。早春，雀榕、牛乳榕伸展出新生的紅色苞葉，苞葉脫落後露出新綠的嫩葉，夏季濃綠的樹蔭帶來幾許清涼，等結果期到來，整棵樹又轉為鮮紅如火，吸引大群鳥雀吵雜的在樹上覓食。楓香在冬季落葉休眠，樹體將樹

❶台灣欒樹冬季落葉期開出滿樹黃花。

葉中的葉綠素回收，留下代謝後剩下的各種色素，滿樹黃葉吸引遊客的目光，第二年春天重新吐出鮮紅的嫩芽，配上各種深淺不同的綠色新葉，為色彩的漸層與對比下了最好的註解。

街道兩旁的樹木隨風搖曳，展現出另一種絕代風華與韻律之美。樹木隨著季節的變化也具有其獨特的韻律感。一大片純林，顯出整齊而幽雅的統一性。落葉樹秋季樹葉變紅、落葉，冬季只存枯枝，春季又再度萌發新芽，如此週而復始，形成樹木獨特的「季節韻律」，展現出樹木季節韻律之美。

老樹千百年接受歲月洗滌的蒼老身軀，糾結成一首首生命組曲。老樹蒼勁的樹幹代表了經過歲月競爭留下來的痕跡。老樹的樹形會隨環境而不同，樹種間的樹形也各異。同一種樹木會隨年紀改變，年輕的樹頂芽優勢旺盛，樹木不斷抽高，枝條也呈直立生長；壯年後生長勢稍弱，枝條呈45度生長；年老的樹頂芽優勢衰弱，發出多數側枝，若是吸水能力降低，頂端的枝枒會枯死。觀察老樹可依此看出老樹是否健康，老樹生長的狀態如

↑山桐子於冬季結果，令人驚豔。

↑秋季楓香滿樹黃葉。

何，知道它是生機旺盛還是垂垂老矣！

　　觀察老樹最好先從老樹周圍的環境看起，先看看老樹的周遭環境，探討一下老樹為何如此長壽的原因。觀察老樹上附生植物與周圍水分的關係，有哪些昆蟲在樹上活動？觀察樹木在生態系中的作用與水土保持的關係，探討濫伐樹木是否造成環境的劣化。老樹當初是如何被保存下來的？老樹周遭的樹木是否保持原始狀態？發揮想像力，想像當年老樹周圍是何種自然原始的植物相。

　　老樹樹幹的紋理代表無數歲月的刻痕與生命的韌性。例如榕樹品種多，樹形變化極大。近海多風，榕樹多生長低矮而佔地極廣，下垂許多氣生根形成支柱，像台中縣清水海濱里榕樹、澎湖縣通樑大榕、彰化縣竹塘鄉濁水溪岸的老榕樹等，都是這種類型。靠內陸的榕樹則高聳，樹冠呈扁圓形，由樹枝垂下散生的氣生根較少，多由主幹支撐，像嘉義縣民雄鄉秀林村榕樹公、台南縣西港鄉淺林村太西老榕都屬於這種類型，各有其姿態，展現出樹木形體之美。

　　老樹與鄉村民眾間長

⬆早春楓香發出新芽。

⬆夫妻樹是新中橫公路有名的景點。

久相處產生的信任，是生長在都市、事事懷疑的人無法體會的。村民不會去質疑敬拜老樹是否迷信，只是單純相信「樹大有神」的傳說。坐在樹下聽聽涼風吹過樹梢所傳來的陣陣低語，那種自然與恬靜，所謂「天地與我共生，大地與我合一」的感覺油然而生，這是樹木的感性之美。

　　要帶著一顆優雅的心去看樹，坐在樹下與樹對話，樹木並不在乎誰大誰小，這些都是人為加諸於樹木上的圖騰。樹木的美通常是隱而不顯的，它不像怒放的鮮花，豔麗的色彩馬上吸引住人們的目光。它們給人的感覺就像醒壺灌頂的香辣醇酒與夏日午後的鄉間小酌，厚薄濃淡隨人適宜。欣賞老樹就像是欣賞一首好詩，需要時間一遍遍閱讀，慢慢品味欣賞，培養觀賞的意境與情感。

⊕巨木蒼勁的樹皮。

賞樹前的準備工作

　　欣賞平地及鄉鎮老樹是兼具知性與感性的自然之旅，初次見到老樹巨大的身軀時會有驚豔、震撼之感，在體力的負荷上也很輕鬆，很適合全家老小一同出遊。但事先前周全的計畫與準備是必須的，否則很可能乘興出門，敗興而歸。

交通工具

　　老樹通常地處偏僻，樹與樹之間的距離又遠，很難搭大眾交通工具到達。若是有心以老樹為專題，最好是開車，若是情侶學生出遊，機車也是不錯的選擇。開車適合走長途，但到達目的地附近找路比較不方便，現在道路系統都建的不錯，一般轎車即可，不必用到四輪傳動車；機車長途辛苦，下雨更是狼狽，但善於鑽小巷的特性，到目的地附近找路就唯我獨尊。腳踏車是悠閒、輕鬆的交通工具，很適合到住家附近的老樹郊遊、踏青、野餐。所以各種交通工具有不同的目的與方式。

衣物

　　老樹多位於荒野，附近蚊蟲、雜草叢生，所以衣服以能保護自己的帽子、長袖、長褲、運動鞋為宜，不宜穿短褲、涼鞋。衣服最好多幾個口袋，以便攜帶圖鑑、筆記本。飲水、防蟲藥劑應隨身必備，夏天日頭赤炎炎，防曬油要多擦。最好是準備一個輕便而有分隔的雙肩背包，將物品分門別類擺好。另外筆者喜歡一種有許多口袋的網孔狀背心，穿在外面，背包背負起來不會貼緊衣物，比較涼爽透氣。

工具

　　需要一枝鉛筆、一本筆記本，隨時記下各種心情及對老樹的感覺。要欣賞附生植物及賞鳥，望遠鏡是必備的工具。照相機拍

照留念是最好的回憶，不過最好能找到適當的比例尺或以人物來對照，以凸顯老樹的巨大。最好能用至少28mm以上的廣角鏡頭，否則無法涵蓋老樹寬大的樹體。有些老樹周圍相當狹窄，不易取景，如果周圍環境許可，可以從遠處用85~135mm中望遠鏡頭眺望，拍攝老樹的「肖像照」，相信有絕對不同的效果。

地圖

要去探訪老樹，一本詳盡而容易翻閱的地圖是絕對必要的。坊間有許多旅遊地圖可供參考，不過一般詳盡的地圖都太大不易攜帶，所以可先將要去的地區影印下來，既方便折疊又不怕破損心疼。除了傳統的地圖外，近年來頗為流行以GPS（全球衛星定位系統）配上PDA或筆記型電腦的電子地圖，可以指示目的地與現在位置的最佳路線與距離，是相當好用的工具，值得強力推薦。不過電子地圖有些過於簡略，未列出鄉村地區的地名，應該選用較為詳細、完整的電子地圖軟體。有些電子地圖有紀錄功能，可記錄以前去過地點的路徑與座標，下次再去就可調出來，節省許多冤枉路。

原先筆者想記錄每棵老樹的經緯度供參考，但台灣現在使用的全球衛星定位系統屬於美國軍方管控，民用型經過美國軍方刻意降低其精確度，所以每次測量出來的數據都有誤差，最後不得不放棄。

圖鑑

要瞭解所看到的植物有哪些特性，隨身帶一本好的圖鑑是必要的。一般樹木的解說書籍，市面上已經很多，比較特殊的如老樹上的附生蕨類植物，台大植物系郭城孟老師撰寫的《台灣蕨類圖鑑》就是一本很好的工具書，頗具參考價值。

以上的準備工作如果能注意到！那就可以準備上路了！

貳.

老樹樹種介紹

老樹樹種介紹

　　台灣因蓬萊造山運動而由板塊運動形成，境內多高山，海拔差異變化極大，超過3000公尺以上的高山就超過200座。台灣緯度應該處於乾旱的沙漠氣候，但由於四面環海，加上高山截留夏季東南季風與冬季東北季風大量水氣，形成台灣多雨的環境；加以北回歸線經過嘉義，所以同時具有亞熱帶與熱帶型氣候。水氣通常被截留在海拔1500~2500公尺左右的高度，所以在高山上形成特殊的雲霧盛行帶，也形成了台灣巨木的故鄉，在台灣深山中的巨木紅檜、扁柏多處於這個位置。

　　多變的地形形成多樣性的植物相，在台灣共形成六種主要的森林型態。台灣平地及低山鄉村與城鎮老樹的樹種約有十餘種，包含榕樹、茄苳、樟樹、楓香、雀榕、刺桐、楊梅、薄姜木、櫸木、朴樹、椰榆、木棉、芒果等。其中以榕樹、茄苳、樟樹、楓香最多。現在我們就來介紹一下這些老樹的樹種特性。

台東蘇鐵

學名：*Cycas taitungensis* C. F. Shen
科名：Cycadaceae　蘇鐵科

⬆ 台東蘇鐵的雄花

特徵 常綠小喬木，幼年期通常單幹直立，老株才產生分枝。葉長達2公尺，羽狀複葉，小葉長達25公分，邊緣扁平，背面無絨毛。雌雄異株，雌花的大孢子葉細長紅色，種子壓縮呈橢圓形，長約4~5公分，生長於大孢子葉基部。一般常用作觀賞樹木的蘇鐵，原產於爪哇，小葉邊緣反捲，小葉長度約15公分，背面有絨毛可供區別。

分佈 產於台東，台東縣紅葉村還設有立台東蘇鐵保護區，中國大陸亦有分佈。

用途 列為稀有保育的樹種，種子可製藥，可供庭園觀賞木。

⬆ 雌花

光果蘇鐵

學名：*Cycas thouarsii* R. Br.
科名：Cycadaceae　蘇鐵科

⬆ 光果蘇鐵

特徵 常綠小喬木，幼年期通常單幹直立，羽狀複葉，小葉扁平，長度可達30公分，細長。雌花大孢子葉狹長，長約40公分，先端有棘齒狀裂片，有黃色絨毛，種子綠色光滑，圓形，長約5公分。

分佈 原產於非洲東部，馬達加斯加島。

用途 栽培為觀賞植物。恆春林試分所、嘉義農業試驗所、台北植物園都有栽培。生長緩慢，是優良的庭園觀賞樹木。

⬆ 雌花

香 杉

學名：*Cunninghamia konishii* Hayata
科名：Taxodiaceae　杉科
別名：巒大杉、烏杉

特徵 大喬木。樹皮淡紅褐色，葉子螺旋狀密生，線狀披針形，略成鐮刀狀彎曲，長1.2~2.5公分，表面有白粉，兩面皆有氣孔帶。毬果卵圓形，果鱗略成三角狀圓形。種子3枚，具翅膀。

分佈 香杉為台灣特產，主要分佈於中部及東部海拔1300~1800公尺的森林中。最初是在巒大山被發現，故又名巒大杉。

用途 木材有香味，耐腐力強，是高貴的木材。

ⓘ 碧綠神木是台灣最大的香杉。

ⓘ 香杉葉片具有明顯的白色氣孔帶。

竹 柏

學名：*Nageia nagi* (Thunb.)O
科名：Podocarpaceae　羅漢松科
別名：山杉

特徵 常綠喬木。樹幹黑褐色，不規則片狀剝落。葉對生或近對生，革質，卵狀披針形，長約6公分，寬約2公分。側脈多數，平行，雄花圓柱狀，3~5朵簇生於葉腋。種子球形，熟時藍綠色被有白粉。

分佈 原產於華南、日本、琉球。

用途 木材緻密，可供家具、建築、雕刻之用。在台灣主要種植為觀賞樹木。

ⓘ 竹柏的種子被有白粉

ⓘ 竹柏的雄花

台灣五葉松

學名：*Pinus morrisonicola* Hayata
科名：Pinaceae　松科
別名：短毛松、山松柏

⬆ 台灣五葉松的樹皮具有縱向淺溝裂。

特徵 常綠性大喬木，高度可達25公尺。樹皮黑褐色，龜甲狀皸裂或不規則淺溝裂，鱗片狀剝落。葉為針葉，細長，雌雄異花，雄花無梗，長橢圓形或圓柱形，毬果卵狀橢圓形，長度約10公分。種子有翅。

分佈 分佈於台灣海拔300~2500公尺山區。

用途 木材可供建築及火柴原料。

備註 台灣山區最常見的松樹是台灣二葉松及台灣五葉松，二葉松通常2~3針一束，葉子長度為8~11公分，五葉松葉5針一束，葉子長度6~8公分可供區別。

⬆ 台灣五葉松的毬果。

紅　檜

學名：*Chamaecyparis formosensis* Matsum.
科名：Cupressaceae　柏科
別名：薄皮

⬆ 紅檜的樹皮較薄，所以又稱薄皮。

特徵 大喬木。為台灣特有種。樹皮薄，灰紅色至紅褐色，縱向淺溝裂，長條片狀剝落。葉鱗片狀，先端尖銳，表面黃綠色，覆瓦狀排列，側葉覆蓋中葉，毬果長橢圓狀卵形，長度1~1.2公分，直徑0.8公分。種子淡褐色，具翅。木材略帶紅色，較扁柏軟，為建築家具的良材。

分佈 特產於台灣中央山脈海拔1000~2600公尺之雲霧盛行帶。

用途 為台灣針葉五木之一，是珍貴、稀有的良材。現已經禁止砍伐。

備註 為亞洲東部樹幹最為巨大的樹種，台灣著名的神木多為紅檜，林務單位積極進行造林工作。

⬆ 紅檜鱗片狀的樹葉。

扁柏

學名：*Chamaecyparis obtusa* Sieb. &
Zucc. var. *formosana* (Hayata) Rehde
科名：Cupressaceae　　柏科
別名：黃檜、厚殼

❶ 達觀山的扁柏巨木。

特徵 大喬木，葉子鱗片狀，先端鈍形，較紅檜不刺手，暗綠色至黃綠色，覆瓦狀排列，側葉覆蓋中葉，對生。毬果球形，種子褐色，具有薄翅，樹皮灰紅色，縱向淺裂，長條片狀剝落。

分佈 特產於台灣中海拔1200~2800公尺之處，常與紅檜混生。

用途 木材淡黃色，所以稱為黃檜，亦為建築用之良材。紅檜與扁柏的木材通稱為檜木，是台灣品質最優良的木材之一。

備註 外型上不易與紅檜分辨，從葉子比較鈍、不刺手、樹皮較厚可供區別。

❶ 左為紅檜、右為扁柏，樹皮厚度可以區別。

玉山圓柏

學名：*Juniperus squamata* Buch.-Ham.
科名：Cupressaceae　　柏科
別名：香青、高山柏

❶ 玉山圓柏是台灣生長海拔最高的針葉樹。

特徵 常綠喬木，地形崎嶇惡劣地區，呈現矮盤灌叢，生長極為緩慢。木材緻密，紋理非常美麗，木材燃燒時會產生特殊的香味，所以又稱為香青。樹齡可達到3000年以上。葉披針形，先端尖銳，長0.5公分。雌雄同株，雄花長於小枝頂部，長約0.4公分，近於球形。果實球形或橢圓形，長0.6公分，成熟時呈黑色，種子單一，球形或卵形。

分佈 產於中央山脈海拔3000公尺以上的高山地區，最高可達玉山山頂，為台灣海拔分佈最高的針葉樹。

樟樹

學名：*Cinnamomum camphora* (L.) Presl.

科名：Lauraceae　樟科

別名：芳樟、油樟、樟腦樹

↑ 樟樹。

特徵 常綠性大喬木，全株帶有芳香油精。樹幹黑褐色，有縱向的深溝裂紋，深度可達2公分。葉互生，表面深綠色、平滑，葉背有白粉，葉三出脈。花很細小，圓錐花序，綠白色，不明顯。果實成熟時呈黑色。

分佈 原先廣泛分佈於台灣全島，產於北部1200公尺、南部1800公尺以下的森林，因大量砍伐，現野外已經無純林。

用途 樟樹的木材功用很多，可提煉樟腦及樟油，日治時代設「樟腦專賣局」，大量砍伐樟樹提煉樟腦，台灣的樟腦產量曾經位居世界第一，木材品質優良，可供製作家具、建築、雕刻之用。常種植為行道樹。

← 樟樹的葉子為三出脈，花朵細小，白色。

刺　桐

學名：*Erythrina variegata* L.

科名：Fabaceae　豆科

別名：雞公樹

↑ 刺桐的樹幹上具有黑色瘤刺。

特徵 落葉性大喬木，枝條常具黑刺。樹幹上密布瘤刺。葉互生，三出複葉，長20~25公分。小葉膜質，菱形或闊卵形，長約10公分，小葉柄長約1公分，在基部有一對蜜腺。總葉柄長約10公分。花深紅色，總狀花序，花瓣五片，花期約在4~5月，莢果念珠狀，長15~30公分，熟時呈黑色。

分佈 產於熱帶亞洲，在台灣產於沿海、溪岸。

用途 耐旱、耐鹽，為優良的海濱樹種。樹形優美，常栽培以供觀賞。

↑ 刺桐豔麗的紅色花序。

爪哇合歡

學名：*Parkia roxburghii* G. Don
科名：Fabaceae　豆科
別名：大葉巴克豆

⊕ 爪哇合歡具有壯觀的板根。

特徵 無刺大喬木，高度可達40公尺。具有粗大的板根。葉子為二回羽狀複葉，小葉細小而密集，線形，略作鐮刀狀彎曲。長約0.9~1公分，頭狀花序具長柄，莢果扁平、革質，開裂。

分佈 原產於爪哇、印度及大陸雲南。為速生樹種。

用途 板根極美，台中中山公園、高雄澄清湖都有日治時代種植近百年的老樹。

⊕ 爪哇合歡的葉子細小，花為頭狀花序。

雨豆樹

學名：*Samanea saman* Merr.
科名：Fabaceae　豆科

⊕ 雨豆樹老樹。

特徵 大喬木。二回羽狀複葉，小葉2~8對，斜卵狀長橢圓形，長度4.5公分，中肋歪基表面光滑，葉背有絨毛，黃昏時會行睡眠運動而閉合。花為頭狀花序，花總梗長10~12.5公分，花冠淡黃色，雄蕊深紅色，甚為突出而明顯，花期在夏季。莢果長15~20公分，扁平或圓柱形。

分佈 原產於南美。

用途 現多栽培為行道樹或庭園樹。

⊕ 雨豆樹的花為黃紅色。

金龜樹

學名：*Pithecellobium dulce* (Roxb.) Benth.
科名：Fabaceae　　豆科
別名：牛蹄豆

❶ 金龜樹。

特徵 喬木，樹幹黑褐色，老幹表面有瘤狀突起，枝條上有托葉轉化成的尖刺，二回羽狀複葉，小葉歪形，花為頭狀花序呈圓錐狀排列，花淡黃綠色。小而不明顯，莢果圓柱形，螺旋狀扭曲，種子5~10枚。

分佈 原產於熱帶美洲，台灣最早由荷蘭人於1605年引入。

特徵 行道樹及觀賞樹。

榕　樹

學名：*Ficus microcarpa* L. f.
科名：Moraceae　　桑科
別名：正榕、鳥松

❶ 榕樹從樹枝上懸垂下來的氣生根。

❶ 榕樹的品系不少，葉子形狀也有差異。

❷ 榕樹的種子由鳥類吃食幫忙傳布。

特徵 常綠大喬木，單葉互生，革質，卵形或倒卵形，長5~14公分，樹幹多分枝，具有白色乳汁，葉子油亮，長約5~8公分。榕樹特徵之一就是樹幹上會垂下許多鬚狀的氣生根，好像老人的鬍鬚一樣，氣生根下垂到土中就形成支柱根，所以一棵老榕樹常具有很多的枝幹，形成一片廣大的樹海。隱花果球形，光滑，直徑約0.5~1.2公分。榕樹的另一項特徵，就是果實是由許多非常細小的花，包在一個肉質的花托中，從外表無法看到榕樹的小花，所以我們稱這種果實為隱花果。由於榕樹的花完全被包在花托裡面，所以必須靠特殊的榕小蜂為其傳粉，兩者形成很特殊的共生關係。榕樹的隱花果呈球形，成熟時會吸引許多鳥類如：白頭翁、樹鵲、綠繡眼等來吃食，是很好的誘鳥植物，種子則由鳥的糞便排出幫助傳播。

分佈 分佈於印度、東南亞、澳洲，在台灣則產於全島低海拔各地。

白 榕

學名：*Ficus benjamina* L.
科名：Moraceae 桑科
別名：白肉榕、垂榕

● 白榕的葉子。　● 白榕的樹幹呈明顯的灰白色。

特徵 常綠性大喬木，由枝條上垂下許多氣根，入土形成多數樹幹。具有白色乳汁。小枝平滑、下垂。單葉互生，革質，具有早落性托葉，在葉柄基部留有托葉痕。先端呈尾狀凸尖，長7~13公分，全緣，兩面光滑，樹幹灰白色，故名白榕。隱花果球形，腋生，無柄，直徑1~1.5公分。

● 白榕懸垂下來的氣生根。

分佈 為熱帶樹種，產於印度、馬來一帶。台灣特產於蘭嶼、綠島、恆春一帶。

用途 觀賞用。細葉垂榕、細葉斑葉垂榕可供吊缽裝飾。

雀 榕

學名：*Ficus superba* (Miq.) Miq. var. *japonica* Miq.
科名：Moraceae 桑科
別名：赤榕、鳥榕、紅肉榕、鳥屎榕

● 雀榕結果時滿樹鮮紅，所以又稱赤榕。

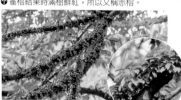

● 雀榕生長於枝幹上的隱花果。

特徵 落葉性喬木。樹幹有少量的鬚根，樹皮灰褐色，有白色乳汁。單葉互生，膜質或略微革質，光滑，橢圓或長橢圓形，先端呈短尾狀漸尖，長10~20公分，葉寬4~5公分。全緣或微波狀緣，托葉紅色或淡綠色，於新芽時早落，膜質。隱花果球形，直徑約1~1.5公分，具短柄，生於枝幹上。成熟期時紅色，具有許多白色斑點。果實成熟期滿樹紅色的果實，甚為美觀。所以又稱為赤榕。果實是鳥兒的最愛，常可見到五色鳥、紅嘴黑鵯、白頭翁、綠繡眼來取食。種子隨鳥糞傳布，所以屋頂、圍牆上、甚至大樹上，都可見到雀榕的蹤影。

分佈 日本、琉球、東南亞，產華南及台灣全島平地及山麓。

用途 庭園樹。

● 樹葉叢生於枝條先端。

大葉雀榕

學名：*Ficus caulocarpa* (Miq.) Miq.
科名：Moraceae　桑科
別名：大葉赤榕、大葉榕

○ 大葉雀榕的隱花果較小。　○ 大葉雀榕葉片較雀榕寬大。　○ 大葉雀榕春天剛發的新芽。

特徵 大喬木，有時為附生型態。葉子光滑油亮，長圓形，全緣，長度12~20公分，葉柄長5~7公分，托葉淡紅色，果實腋生，有短柄。

分佈 常見於台灣中、北部及恆春、台東地區。

備註 大葉雀榕與雀榕外型極為相似，其區別點為大葉雀榕葉子較大，寬約7~9公分，雀榕的葉子寬約4~5公分。大葉雀榕隱花果較小，直徑0.7~1.1公分，基部的苞片早落；雀榕的隱花果直徑1~1.5公分，隱花果基部的苞片宿存可供區別。

幹花榕

學名：*Ficus variegata* Bl.
var. *garciae* (Elm) Corner
科名：Moraceae　桑科
別名：小西氏榕

○ 幹花榕的葉片。

特徵 大喬木。樹幹直徑可達80公分，幼枝綠色，平滑。葉卵形，長10~20公分，寬約7.5公分。先端漸尖，葉脈三出，兩面平滑，葉柄長3~7公分。隱花果叢生於樹幹上，故稱為幹花榕。隱花果有長梗，壓縮球形，直徑約2公分。

分佈 琉球、台灣全島山麓及蘭嶼。

○ 幹花榕隱花果有柄，著生樹幹上。

大葉九重吹

學名：*Ficus nervosa* Heyne ex Roth
科名：Moraceae　桑科
別名：九丁榕、脈葉榕

特徵 大喬木。老樹具有板根。葉子長橢圓形或長橢圓披針形，長8~15公分，漸尖或鈍頭，全緣，兩面平滑，羽狀脈，葉柄長3~6公分。隱花果有梗，1~2腋生，球形，直徑1~1.5公分，成熟時紅色。喜歡溪邊陰濕的地方。

分佈 印度、馬來、廣東、福建及台灣全島低海拔各地。

用途 木材輕軟，容易腐朽，為箱板用材。

❶ 大葉九重吹老樹具有明顯板根，拍攝於南投縣埔里。

❶ 大葉九重吹的黃紅色果實。

菩提樹

學名：*Ficus religiosa* L.
科名：Moraceae　桑科
別名：思維樹

❶ 菩提樹於夏季落葉。

❶ 菩提樹的紅色新葉。

特徵 落葉大喬木。樹幹灰白色，葉於芽中向內旋捲。單葉，互生，托葉二，常早落而留痕跡，葉卵狀圓形，全緣，先端有尾狀披針形尖，基部截形或圓形，柄長7.5~10公分。單性花，隱頭花序，外方為反曲中空的花托壁，先端有一孔，內具多數苞片。瘦果細小，聚合為隱花果；隱花果腋生，成對，無柄，暗紫色。

分佈 原產印度、緬甸、錫蘭。

用途 為庭園觀賞樹種。

備註 為佛教界的聖樹，供庭園觀賞用。

茄苳

學名：*Bischofia javanica* Blume
科名：Euphorbiaceae　大戟科
別名：重陽木

⊙茄苳結實纍纍。

⊙茄苳春季開花，圓錐花序花小、黃綠色，無花瓣。

特徵 半落葉性的大喬木，葉子具長柄，為三片在一起的複葉，小葉卵形或長橢圓形，長6~12公分，寬3~7公分，先端尾狀凸尖，鈍鋸齒緣。花單性，雌雄異株，腋生圓錐花序，花小、黃綠色，無花瓣。公株開雄花而不結果，雌株開雌花，會結出成串咖啡色的核果，直徑約0.8~1.6公分。常吸引白頭翁、樹鵲、五色鳥等鳥類來吃食並傳布種子。

分佈 印度、中南半島、馬來、澳洲，以及台灣全島。

用途 木材質地緻密，耐水耐濕，可供建築、家具使用。

備註 關於茄苳樹的性別，曾發生一些有趣的事，茄苳老樹通常被村民尊稱為茄苳公，在台中縣烏日鄉曾有一棵茄苳老樹經廟宇內乩童扶乩改稱為茄苳娘，但經過調查，卻發現這棵老樹是雄性的！

楓香

學名：*Liquidambar formosana* Hance
科名：Hamamelidaceae　金縷梅科
別名：楓仔樹、楓樹

⊙楓香秋季落葉前，滿樹黃葉，非常美麗。

⊙楓香的葉片與果實。

特徵 落葉性的喬木，樹幹黑褐色且有縱向的裂紋，單葉互生，葉子通常三裂，薄革質，裂片先端尖銳且有鋸齒緣，長10~14公分。花雌雄同株，果實由多數的小蒴果聚合而成，呈刺球狀，直徑約3公分。冬季落葉時，滿樹黃葉非常美麗。

分佈 中國南部。

用途 樹皮常被人剝除，提煉楓仔油供藥用。楓香的木材可用來栽培香菇，也常被栽種在庭園中觀賞用。

備註 楓香與槭樹常會混淆不清，楓香的葉片為互生，槭樹的樹葉為對生可區別。美洲有一種糖楓，其樹脂可提煉楓糖。

木 棉

學名：*Bombax malabarica* DC.
科名：Bombacaceae　木棉科
別名：斑芝樹

⊕ 彰化縣田中鎮這棵偏促在屋基的木棉樹，據說是台灣最大的一棵。

特徵 落葉性大喬木，樹幹淡灰褐色，密布圓錐形銳刺。葉子為掌狀複葉，互生，平滑，葉柄長15~20公分。小葉5~7枚，有長柄，卵狀長橢圓形，先端銳形或漸尖，長10~20公分。花橘黃或紅色，直徑8~10公分。蒴果長橢圓形，長約15公分，五裂，種子多數，有長絹毛。

分佈 印度、菲律賓馬來半島等地，在台灣已經於野外馴化。

⊕ 木棉鮮紅色的花朵。

用途
行道樹。

檬 果

學名：*Mangifera indica* L.
科名：Anacardiaceae　漆樹科
別名：羨仔、芒果

⊕ 檬果的花為頂生圓錐花序。

特徵 常綠大喬木，樹幹灰褐色。葉子叢生枝端，長橢圓披針形，革質，長15~40公分，寬5~9公分。花小，單性花與兩性花共存。頂生圓錐花序。果實為核果，肉質鮮美。

分佈 原產印度。

用途 果實可食用，木材堅韌可用來製作農具。

備註 檬果的栽培歷史超過4000年，台灣由荷蘭人引入，栽培歷史也有300多年。

⊕ 檬果的果實是美味的水果。

黃連木

學名：*Pistacia chinensis* Bunge
科名：Anacardiaceae　漆樹科
別名：楷木、爛心木

⊙黃連木。

特徵 落葉性喬木，奇數羽狀複葉，小葉7~10對，披針形，長度4~6公分，全緣，雌雄異株，雄花爲總狀花序，萼片2~4枚，雌花爲圓錐花序。果實爲核果。直徑3~4公分。初爲紅色漸轉變爲藍紫色。

分佈 中國大陸、台灣。

用途 木材極爲優良，爲闊葉一級木，種子可榨油。

備註 曲阜孔廟前子貢所種植的楷木即爲本種。老樹常因腐朽而樹幹中空，故又名爛心木。

⊙黃連木的新葉爲黃紅色。

欅　榆

學名：*Ulmus parvifolia* Jacq.
科名：Ulmaceae　榆科
別名：紅雞油

⊙欅榆果實爲翅果，橢圓形。

特徵 落葉喬木，樹皮灰紅褐色，不規則雲狀剝落。小枝有絨毛。單葉互生，厚紙質，橢圓形、卵形。長2~3公分，寬1~1.5公分，先端漸尖，基部歪斜，具單鋸齒緣。秋季開花，果實爲翅果，橢圓形，長約1.0~1.3公分。

分佈 中國大陸、韓國、日本，台灣產於海拔900公尺以下之森林及溪畔。

用途 木材可供雕刻，生長緩慢，常用來製作盆景以供觀賞。

⊙欅榆通常枝條下垂。

櫸　木

學名：*Zelkova serrata* (Thunb.) Makino
科名：Ulmaceae　榆科
別名：台灣櫸、雞油

ⓐ 櫸木與朗榆的葉子甚為相似，但櫸木的枝條上揚可供區別。

特徵 落葉性大喬木，樹幹灰褐色，光滑，樹皮雲片狀剝落，遺留雲形剝落痕；冬芽具多個覆瓦狀黑褐色鱗片。單葉互生，葉紙質，羽狀脈，卵形至長橢圓狀卵形，長3~7.5公分，寬2~3公分，鋸齒緣。表面粗糙。花雜性，單性花，雌雄同株，雄花簇生幼枝下部葉腋及苞腋，雌花單生或數朵生於幼枝上部葉腋；花與新葉共開。核果圓形。

分佈 中國大陸、韓國、日本，台灣則產於海拔800~2000公尺的闊葉林中。

用途 木材不易反翹，吸水性低，保存期長，適合製造家具、地板。

ⓐ 櫸木的葉子為單葉互生，有鋸齒。

九　芎

學名：*Lagerstroemia subcostata* Koehne
科名：Lythraceae　千屈菜科
別名：小果紫薇、拘那花

ⓐ 九芎樹皮光滑，常呈不規則雲狀剝落。

特徵 落葉性喬木。樹幹紅褐色，樹皮不規則雲狀剝落，單葉互生或近對生。卵形或長橢圓形，先端漸尖或略鈍，兩面平滑，長1.5~4.8公分，寬1.0~2.5公分，全緣，圓錐花序頂生，花白色，花瓣六片。果實為蒴果，種子具翅。

分佈 日本、琉球，台灣常見於全島中、低海拔之闊葉林中。

用途 扦插容易成活，常用於將九芎的樹幹打椿埋入土中，不久即可生根長葉，為水土保持植生護坡之用。

ⓐ 九芎的花。

黃　槿

學名：*Hibiscus tiliaceus* L.
科名：Malvaceae　　錦葵科
別名：粿葉、鹽水面頭果

特徵　常綠喬木。嫩枝背有短柔毛。單葉互生，心形，先端銳形，直徑約6~15公分，革質，葉背有星狀絨毛。全緣或不明顯波狀鋸齒緣，葉柄長2~5公分，花黃色，花冠鐘形，中心暗紅色，蒴果橢圓形，長2.5公分，徑2公分。

分佈　廣泛分佈於熱帶海岸地區。

用途　海岸防風樹種。花朵大而美麗，是很好的庭園樹種。

↑ 黃槿的花朵碩大，可種植為海岸景觀樹種。

毛　柿

學名：*Diospyros discolor* Willd.
科名：Ebenaceae　　柿樹科
別名：台灣黑檀

特徵　常綠大喬木。樹幹黑褐色，縱向細裂，單葉互生，革質，披針形或長橢圓形，長15~30公分，寬6~10公分，全緣，背面有毛絨，花黃白色，果實漿果狀，扁球形，直徑8公分，成熟時暗紫紅色，密被長絨毛。

分佈　分佈於菲律賓群島，台灣產於南部海岸林。

用途　為闊葉一級木，木材黑色、堅實，稱黑檀木，為裝飾、家具之良材。

↑ 毛柿是極為高貴的木材。

↑ 毛柿果實扁球形，成熟時暗紫紅色，密被長絨毛。

象牙柿

學名：*Diospyros ferrea* (Willd.) Bakhuizen
科名：Ebenaceae　柿樹科
別名：烏皮石柃

❶象牙柿生長緩慢，在苗圃業屬於高價樹種。

特徵 常綠喬木。樹幹灰黑色，呈不規則片狀剝落。單葉互生，厚革質，倒卵形或倒卵狀橢圓形，長2~3公分，寬1.5~2公分，先端圓形，全緣，略反捲，表面深綠色，兩面平滑。花腋生，黃白色，小型，果實橢圓形，成熟時由黃轉紅色。

分佈 印度、馬來半島、澳洲、琉球。台灣分佈於恆春半島與蘭嶼，數量稀少，名列台灣稀有植物。樹形優美，現

園藝栽培頗多，是很成功的原生植物推廣利用的例子。

用途 生長緩慢，木材為「陰沈木」的一種，為高貴的裝飾、雕刻用材。

❶象牙柿的果實。

龍　眼

學名：*Euphoria longana* Lam.
科名：Sapindaceae　無患子科
別名：桂圓、福圓

❶龍眼結出纍纍果實。

特徵 常綠喬木。樹幹灰紅色，有縱向細裂紋。葉互生，偶數羽狀複葉，小葉3~5對，革質，長橢圓形，全緣，長度6~15公分，寬2.5~5公分。圓錐花序頂生或腋生。花雜性，小型，淡黃綠色，果實成熟期為7~8月，果實球形，黃褐色，可食部分為白色厚肉質的假種皮。

分佈 華南一帶，由移民引入台灣，廣為栽培。

用途 龍眼是常見的果樹。木材堅硬可用來製作農具。

❶龍眼開花。

荔 枝

學名：*Litchi chinensis* Sonn.
科名：Sapindaceae　無患子科
別名：離枝

⊕ 荔枝新葉為紅色。

特徵 常綠喬木。偶數羽狀複葉，小葉2~4對，長橢圓形至披針形，先端銳尖，表面光滑，背面蒼白色。單性花與兩性花共存，綠白色或黃色，頂生圓錐花序，無花瓣，果實為核果，紅色，表面長滿菱形突起，種子具有肉質假種皮。

分佈 中國南部，台灣則為移民引入栽植。

用途 果實是夏季應時水果，為著名果樹。由於摘下荔枝果實即時食用最為甜美，擺放後則滋味不佳，因此又有「離枝」之名。

無患子

學名：*Sapindus mukorossii* Gaertn.
科名：Sapindaceae　無患子科
別名：黃目子、肥皂樹、鬼見愁

⊕ 無患子新鮮的果實肥厚多汁，搗碎後可當肥皂使用。

⊕ 無患子秋天落葉，是森林中極為明顯的焦點。

特徵 落葉性喬木，偶數羽狀複葉，小葉5~8對，長橢圓狀披針形，長10~12公分，互生常群聚枝端。冬季落葉時全株變成金黃色，非常美麗。圓錐花序腋生或頂生，細小，白色或紫色。核果扁球形，直徑1.5公分，熟黃綠色，種子紫黑色。

分佈 印度、中國，台灣產於低海拔闊葉樹林中。

用途 傳說用無患子製的器皿可以壓制鬼魅，道士作法的法器，也都是用無患子的木材製作。所以才稱為「無患」，又名「鬼見愁」。無患子新鮮的果實肥厚多汁，用手搓揉後會產生大量泡沫，台灣早年就是將無患子的果實搗碎後當肥皂使用，所以又稱為肥皂果。老一輩的阿公、阿媽都對這種果實有著深刻記憶。隨著人工合成肥皂的盛行，這種樹的用途便逐漸被人淡忘了！在台灣古早的民俗，用無患子洗浴可以治療青春痘，預防頭皮屑及掉髮。

森氏紅淡比

學名：*Cleyera japonica* Thunb. Var. *morii* (Yamamoto) Masamune

科名：Theaceae　　茶科

特　徵 灌木至小喬木。葉全緣，革質，匙狀長橢圓形，寬3.5~5公分，長可達10公分。花黃白色，有芳香，數朵簇生於葉腋，萼片5，花瓣5枚，基部連生。漿果球形，直徑0.8公分。

分　佈 特產於台灣全島，尤以北部低海拔地區最爲普遍。

用　途 木材細緻，可製作小型加工品，樹形優美，栽培供觀賞用，日本人稱爲「木神」，即神祇所喜愛的樹木，多種植在神社附近。

● 森氏紅淡比的葉片。

● 森氏紅淡比的花爲黃白色，具有芳香的氣味。

大葉山欖

學名：*Palaquium formosanum* Hayata

科名：Sapotaceae　　山欖科

別名：台灣膠木、馬古公（台語）

● 大葉山欖葉色濃綠油亮。

● 原住民食用大葉山欖果實，將此稱爲橄欖。

特　徵 常綠大喬木。樹幹灰褐色，具有白色乳汁。單葉互生，叢生於枝端，厚革質，倒卵狀長橢圓形，長10~15公分，寬5~7公分，先端圓形，微凹頭，基部鈍形，全緣，表面深綠色，平滑有光澤，花冠淡黃色。果實橢圓形，長約3~4公分。

分　佈 菲律賓群島，台灣則產於北部海岸林及蘭嶼。

用　途 此種果實原住民拿來食用，稱爲橄欖。原生於海邊，木材可供建築，抗風耐鹽，是優良的綠化樹種。

瓊崖海棠

學名：*Calophyllum inophyllum* L.
科名：Clusiaceae　藤黃科
別名：紅厚殼、胡桐

↑瓊崖海棠的花為白色。

特徵 常綠大喬木，抗風力強，樹幹黑褐色，樹皮厚，不規則龜裂。葉對生，革質，橢圓形或倒卵形，長10~18公分，側脈與中肋呈直角，纖細，密集平行排列。花腋生，圓錐花序，花白色，四瓣，果實為核果，球形，直徑約3公分。

分佈 產於恆春半島、東部海岸、馬來西亞、太平洋諸島亦有分佈。

用途 為海岸防風及庭園觀賞之樹種。木材有供建築及製作家具。種子可製成染料。

↑果實為核果，球形，成熟時褐色。

土沉香

學名：*Excoecaria agallocha* L.
科名：Euphorbiaceae　大戟科
別名：水賊、瞎眼樹（印度）

↑土沉香冬季落葉，是海邊難得的落葉樹種。

特徵 常綠小喬木。具有白色乳汁，葉橢圓形，互生，長5~10公分，肉質，全緣或波狀緣，花為單性同株。蒴果球形，直徑0.8公分，分為3個小乾果。有劇毒，尤其對眼睛傷害尤其大。

分佈 亞洲熱帶，台灣海岸地區。

用途 木材燃燒會發出沈香味，可作為沈香代用品。

↑土沉香的花穗細小，花單性。

楊　梅

學名：*Myrica rubra* (Lour.) Sieb. & Zucc.
科名：Myricaceae　楊梅科
別名：樹梅

⬆ 楊梅。

特徵 常綠小喬木。樹幹灰褐色，光滑或不明顯縱向細裂紋。葉叢生枝端，長倒卵形或長橢圓形，長6~16公分，先端圓鈍，全緣或上半部有鋸齒。雄花穗長2.5~3公分，雌花序單生葉腋，長0.5~1公分，果實球形。

分佈 大陸華南、日本、菲律賓。台灣則產於低海拔之闊葉林。

用途 果實成熟時暗紅色，可供食用，樹形優美，很適合庭園栽植。

⬆ 楊梅果實味酸，可供食用及製作蜜餞。

銀葉樹

學名：*Heritiera littoralis* Dryand. ex Aiton
科名：Sterculiaceae　梧桐科
別名：大白葉仔

⬆ 銀葉樹的板根明顯，葉背有銀色鱗片狀或星狀毛茸。

特徵 常綠喬木，具板根，葉幼嫩時紅色。單葉，互生，革質，羽狀脈，托葉小，早落，下表面密被銀色鱗片狀或星狀毛茸，橢圓形、長橢圓形，卵狀長橢圓形至披針狀長橢圓形，長15~36公分，寬6~12公分，葉柄兩端膨大。花單性，雌雄同株，多分枝之圓錐花序，腋生。花萼基部癒合；無花瓣，雄蕊4~12枚，2輪。堅果長橢圓形或扁橢圓狀，木質，長3~5公分，具光澤，外殼具龍骨狀凸起，內有纖維質，可幫助果實漂浮。陽性樹，喜歡日照充足的開闊地。

分佈 分佈於中國大陸廣東、日本、錫蘭、菲律賓、澳洲及東非洲等地。生長於台灣南部恆春、東部及蘭嶼、綠島等海岸地區。

用途 木材具耐蟻性。可供建築、造船等。

木麻黃

學名：*Casuarina* spp.
科名：Casuarinaceae　木麻黃科

❹ 木麻黃的果實。　⬆ 木麻黃。

特徵 常綠大喬木，樹幹灰褐色，不規則縱向細裂縫。小枝線狀，多節，長約13公分，節間長0.4~0.8公分。淡綠色。葉退化成鞘齒狀，生長於節上。雌雄同株，雄花穗頂生，細圓柱形，長2.5~3.5公分；雌花穗具短梗。果實毬果狀，橢圓形，木質化。

分佈 澳洲、馬來、印度、緬甸。

用途 性耐乾旱，在台灣最常用來當作海岸防風樹種，木材為良好的薪炭材。

⬆ 木麻黃的雄花。

❹ 木麻黃的雌花，花蕊紅色。

克蘭樹

學名：*Kleinhovia hospita* L.
科名：Sterculiaceae　梧桐科
別名：面頭粿

⬆ 克蘭樹。

特徵 喬木，葉子廣卵形，長5.5~18公分，先端漸尖，基部心形，掌狀脈，全緣。花序頂生，花序長達50公分，花瓣5，其中一枚較大，左右對稱，花淺紅色，蒴果膜質，直徑1~1.7公分。

分佈 熱帶地區、廣東、海南島及台灣南部低海拔次生林中，以恆春半島數量最多。

用途 生性耐風、耐水，可種植為海岸觀賞樹。樹皮可製繩索、麻袋，木材輕軟，可製農具、家具。

⬆ 克蘭樹的紅色花序。

緬 梔

學名：*Plumeria rubra* L. var. *acutifolia* (Poir. ex Lam.) Bailey
科名：Apocynaceae　夾竹桃科
別名：雞蛋花

特徵 落葉性喬木，枝粗壯，表皮有龜甲狀裂紋，小枝脆軟易折，具有白色乳汁，葉子卵狀長橢圓形，長18~33公分，全緣，叢生枝端。花為頂生聚繖花序，花黃白色，中央有一黃斑，如打破的雞蛋，故名雞蛋花，果實為蓇葖果，如牛角狀，種子有翅。

分佈 原產於墨西哥。

用途 觀賞用。

⊕ 緬梔又稱雞蛋花。

⊕ 紅花緬梔與緬梔同屬，果實為蓇葖果。

朴 樹

學名：*Celtis sinensis* Pers
科名：Ulmaceae　榆科
別名：朴子樹、沙朴

特徵 落葉性喬木，樹皮黑褐色，厚可達1.5~3公分，幼枝密生有毛。葉卵形至長橢圓形，長5~6公分，有粗鋸齒，基部不對稱，歪斜，三出脈，表面平滑，萼片4~5，核果球形，直徑0.4~0.5公分。

分佈 產於大陸華南、日本、韓國及台灣全島平地。

用途 耐風、耐沙，為良好的海岸沙地防風樹種。

⊕ 朴樹為良好的海岸沙地防風樹種。

⊕ 新竹縣鳳坑村具有台灣最多朴樹老樹。

⊕ 朴樹的葉子。

青剛櫟

學名：*Cyclobalanopsis glauca*
(Thunb. ex Murray) Oerst.
科名：Fagaceae　殼斗科
別名：白校欑

⬆青剛櫟的葉片上半部有鋸齒。

特徵 喬木，幹皮灰褐色，不明顯縱向細紋裂。單葉，互生，革質，下表面灰白色有短毛梳生，長橢圓形或長橢圓狀卵形，長8~14公分，寬2.5~6.0公分。上半部銳鋸齒緣，先端尾狀漸尖，葉柄長1~3公分。花單性，雌雄同株。雄花1或1~3朵簇生，而後排列成下垂之穗狀花序（葇荑花序），雄蕊6枚；雌花單生由1總苞包被，柱頭膨大成頭狀。堅果橢圓形或長橢圓形，頂端有一圓錐形凸尖，腋生，單一；殼斗盃狀，具7~10環鱗片，被灰白色絨毛。

分佈 生長於全島低海拔山麓至海拔1,000公尺闊葉樹林中，亦分佈於中國大陸、印度、日本等地。

用途 木材堅韌，可做為建築及農具使用。

烏來柯

學名：*Limlia uraiana* (Hayata)
Masamune & Tomiya
科名：Fagaceae　殼斗科
別名：淋漓

⬆烏來柯樹幹砍伐後會流出大量汁液，如汗流浹背，故又名淋漓。

特徵 常綠喬木，樹幹灰褐色，縱向深溝裂。單葉互生，革質，長橢圓形，先端尾狀漸尖，基部歪斜，長度6~9公分，寬約2公分，全緣或上半部有鋸齒緣。兩面光滑，果實為堅果，直徑0.8公分，高度1公分，基部有杯狀殼斗。

分佈 台灣中北部300~1500公尺的中海拔山區。

用途 木材少反翹，為建築、家具用之良材。

⬆烏來柯的葉片。

備註 因為樹幹砍伐後會流出大量汁液，如汗流浹背，故名淋漓。木材堅硬耐久，適合建築之用。

苦楝

學名：*Melia azedarach* Linn.
科名：Meliaceae　　楝科
別名：楝樹、苦芩

⬆苦楝於夏季開出紫色的花。

⬆秋冬季結出黃色的果實。

特徵 落葉性喬木，樹幹灰褐色，縱向深溝裂。葉子為二回羽狀複葉，長25~80公分，小葉對生或互生，卵形或披針形，先端銳尖，基部歪斜，鋸齒緣，長3~8公分。花序腋生，圓錐花序，長10~20公分，花淡紫色，豔麗，直徑可達2公分，雄蕊筒與花瓣等長，雄蕊10枚。果實為核果狀，近於球形，直徑1~2公分，黃色。

分佈 東南亞、印度及日本，台灣產於海邊至中海拔山區，分佈極為普遍。

⬆苦楝新葉與紫色花苞。

用途 耐潮風、鹹土，生長很快速，木材可作家具，種子則供藥用，名為「金鈴子」。

烏來杜鵑

學名：*Rhododendron kanehirai* Wilson
科名：Ericaceae　　杜鵑花科
別名：金平杜鵑

⬆烏來杜鵑葉子細小，因此又名細葉杜鵑。

特徵 灌木。葉子紙質，披針形至長橢圓狀披針形，長3~4.5公分，寬0.7~1公分，兩端均銳。花1~3朵頂生，花冠粉紅色，漏斗狀，雄蕊10枚，花藥頂孔開裂，蒴果長約0.9公分。

分佈 烏來杜鵑為台灣特有種，只分佈於台北縣北勢溪，是台灣分佈最狹窄的杜鵑，原生地因翡翠水庫興建而被淹沒。是公告保育類之稀有植物。

用途 花豔麗，可栽培供觀賞。現正積極復育中。

⬆烏來杜鵑為台灣稀有的保育類植物，於3月開花。

棋盤腳樹

學名：*Barringtonia asiatica* (L.) Kurz

科名：Lecythidaceae　玉蕊科

別名：濱玉蕊、恆春肉粽

⬆ 棋盤腳的果實，俗稱「恆春肉粽」。

⬆ 棋盤腳樹。

特徵 常綠喬木。葉子叢生枝端，倒卵形或長橢圓形，長30～40公分，寬15～20公分，先端鈍形，全緣，革質，光滑無毛。頂生直立總狀花序，夜間開花，具有濃厚香味，花直徑達20公分，萼二分裂，花瓣4，淡紅色，基部筒狀。果實具四稜，如棋盤之四腳，長10公分，外部革質，內有纖維組織，可幫助果實漂浮。

分佈 分佈於馬來、澳洲、太平洋諸島，產於台灣東、南部及蘭嶼。

用途 材質輕軟。花大而豔麗，可廣植為海岸景觀樹木。

備註 據傳說蘭嶼達悟族人將遺體置放於樹下，對此樹有特別禁忌，稱為魔鬼樹。

⬆ 棋盤腳於夜間開花，具有芳香的氣味。

流蘇樹

學名：*Chionanthus retusus* Lindl. & Paxton var. *serrulatus* (Hayata) Koidz.

科名：Oleaceae　　木犀科

別名：鐵樹、四月雪

⬆ 流蘇樹於春天開花。

特徵 落葉性喬木。葉對生，薄革質，全緣，橢圓狀卵形，長4～10公分，鈍頭。花白色，圓錐花序出自一年生枝條的側芽，花冠4深裂至基部，狹長，花期3～5月。核果卵形，成熟時深藍色，帶有白色粉末。喜歡日照充足，土壤水分較多而排水良好的地區，生長極為緩慢。

分佈 中國大陸、日本、韓國，台灣原生地則侷限於桃園、林口台地。

用途 開花期滿樹白花甚為美麗，是相當優美的觀賞樹種。木材堅硬而緻密，適合工藝器具的製造。

⬆ 流蘇樹核果卵形，成熟時深藍色，帶有白色粉末。

薄姜木

學名：*Vitex quinata* (Lour.) F. N. Williams
科名：Verbenaceae 馬鞭草科
別名：山埔姜、烏甜樹、薄姜

特徵 常綠喬木。樹幹灰黃色，長條片狀剝落。小枝略帶方形，葉具長柄，對生，掌狀複葉，小葉5枚，卵狀長橢圓形，長8~14公分，寬3~5公分，頂端小葉最大，先端漸尖，基部銳形，全緣或疏鋸齒緣，圓錐花序頂生，核果球形，直徑約0.6公分，黑色。

分佈 熱帶亞洲，台灣產於全島低海拔之森林中。

用途 可作小型器具。

❶ 這棵薄姜木可能是台灣目前最大的一棵。

❶ 薄姜木葉子為掌狀複葉。

海茄苳

學名：*Avicennia marina* (Forsk.) Vierh.
科名：Verbenaceae 馬鞭草科

❶ 海茄苳的果實具有漂浮組織。

❶ 海茄苳的直立呼吸根。

特徵 分佈於海邊潮間帶的常綠小喬木。葉革質，卵形，長約5公分，兩端鈍形，花為聚繖花序，花冠筒短圓柱形，4~5裂片，雄蕊4枚，著生於喉部，蒴果球形，長約2公分，內有一種子具漂浮組織，可以隨水漂流。根系於泥地中伸延極廣，稱為纜狀根，向上生出許多呼吸根，具有海綿狀構造以幫助氣體交換。

分佈 分佈於南洋、太平洋諸島、福建、廣東以及台灣西部海岸，為紅樹林的一種。

用途 為海岸防風樹種。

❶ 海茄苳的橘紅色花朵。

欖　李

學名：*Lumnitzera racemosa* Willd.
科名：Combretaceae　使君子科

↥ 欖李的葉片翠綠色，肉質。

↥ 欖李的果實長約1公分。

特徵 生長於海岸潮間帶的常綠喬木。單葉，互生，螺旋排列，略密集生長於枝端，葉肉質，倒卵形，長5~6公分，先端圓或凹形，全緣或具波狀緣，兩性花，花腋生短穗狀花序，基部小苞片2枚，宿存。白色，萼片5，花瓣5，雄蕊10枚。果實木質，長約1公分。

分佈 非洲、亞洲、澳洲、熱帶太平洋諸島，台灣則分佈於台南、高雄沿海之泥質潮間帶。為重要的紅樹林樹種之一。

↥ 欖李的花白色，細小。

用途 為鹽鹼地、海岸造林的優良樹種。也是良好的蜜源植物。

欖仁樹

學名：*Terminalia catappa* L.
科名：Combretaceae　使君子科

↥ 欖仁樹也是屬於紅葉植物。

↥ 欖仁樹結果。

特徵 落葉性大喬木，枝條水平輪生，根系會形成板根。葉倒卵形，長20~25公分，圓頭，葉柄短，葉基偶有一對蜜腺。腋生穗狀花序，雄花著生於頂端，雌花或兩性花著生於下方。核果扁橢圓形，長5~6公分，周邊有龍骨狀突起。

分佈 印度、馬來、菲律賓太平洋諸島。台灣產於恆春海岸及蘭嶼。

用途 冬季滿樹紅葉，是熱帶地區中少數的紅葉植物。落葉據說可消炎退火、治療肝病。耐風耐旱，可推廣為行道樹及庭園樹。

大王椰子

學名：*Roystonea regia* (H. B. K.) O. F. Cook
科名：Arecaceae　棕櫚科
別名：王棕

↑大王椰子樹常作為行道樹用。

特徵 常綠大喬木。高度可達30公尺，樹幹上有葉子落下殘留的環狀葉痕，通常樹幹基部略狹小，中央膨大，一回羽狀複葉，葉片長3~5公尺，小葉細長，長度可達100公分，寬3.5~4.5公分，腋生肉穗花序，雌雄同株，花黃白色，雌花開放略為遲於雄花。果實球狀或橢圓形，長約1.5公分。

分佈 原產古巴，現廣泛種植物於熱帶地區。

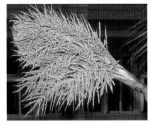

用途 樹形雄偉，適合作為行道樹及園景樹。

↑大王椰子樹黃色的花穗。

↑屏東市中正路列管保護的大王椰子行道樹。

老樹生態系

老樹的生命循環

　　若是你砍掉一棵樹，那麼你所破壞的不只是一棵樹，而是一整個世界，一個人們所不瞭解的生態系。

　　一棵樹在生活環境中，是生態系中最重要的一環，也是生態系中所謂的「關鍵物種」。也就是說，當樹木消失的時候，整個生態系將會隨之而瓦解。

　　無數的動植物都依附老樹生活。昆蟲吸食樹木的花蜜，也為樹木完成授粉與傳宗接代的任務，鳥雀、松鼠、猴子吃食老樹的果實，為樹木傳佈了種子，也擴展了樹木的領域。

❶腐朽的樹幹上長滿了真菌。

❶腐朽的老樹樹頭成了各種生物聚集之所。

老樹的落葉沈積在樹底下，提供了許多腐食性動物的食物及居所。老樹糾結的樹根緊緊握住土壤，保護了水土，也讓蚯蚓及許多在土壤中生活的昆蟲、眞菌、細菌能順利的繁衍。

　　森林中土壤貧瘠，許多種微生物能與樹木共生，形成菌根，互相供應營養與生活物質，彼此互利。

　　在茂密的森林中，陽光是非常稀有的，許多植物爲了爭取到最多的陽光，就演化成依附在老樹的樹幹上生長，在樹幹上形成一個自然精心佈置的花園。

　　即使老樹死亡倒伏，老樹的遺體也成爲啄木鳥、五色鳥築巢、覓食的場所。倒伏的樹幹更是腐生性植物與眞菌最佳的食物來源，像鍬形蟲的幼蟲住在腐木中，以腐木爲食，分解老樹的遺體，讓老樹的能量及物質重新回到生態的循環之中，這些共同形成老樹多采多姿的生物世界。

↑老樹壽命雖長，仍不免一死，圖中是只剩枯幹的台北縣淡水鎭老樟樹。

老樹的依附植物 依附植物的奇妙世界

老樹上的生物世界猶如另一個未探索的宇宙，有許多未知等待我們去發掘。一棵老樹絕對不僅是一個生命而已，事實上，老樹上還依附著許多依靠老樹維持生命的生物。依附植物往往在老樹上披上一層綠色的外衣，生物間彼此關聯，互相影響，形成一個具體而微的生態系。老樹居於其間最重要的地位，形成所謂的「關鍵物種」。

⊕ 依附植物讓老樹披上一層綠色的外衣。

⊕ 中海拔山地森林裡，附生於樹幹上的蘚苔植物。

以訛傳訛的老樹依附植物

我們常在報章雜誌上看到如此報導：「……有棵百年老樹，樹上長滿了寄生植物，形成『樹上有樹』的奇景……。」這些報導有許多是以訛傳訛，訛傳誤稱的寄生植物，其實許多應稱為著生（附生）植物才是。著生植物本身皆為綠色植物，可行光合作用自營生活，依附在樹上只是「借住」而已；不像寄生植物，除了藉其他植物棲身外，還會奪取其他植物的養分。生長在樹上的各種植物，各有不同的生活形態，讀者可要仔細比較一番。

著生植物以伏石蕨、台灣山蘇花最為常見。伏石蕨以走莖縱橫樹幹之上，為單調暗沈的樹皮披上綠裝，其根莖抓住樹皮以吸收吸附在樹皮上的水分，並防止強風吹落。

依附植物生長的環境並不舒適，缺乏水分、土壤、礦物質的供給，遇到強風又隨

↑附生於大葉楠上的崖薑蕨及台灣山蘇。

↑中南美洲熱帶雨林中，鳳梨科是普遍的附生植物。

箭毒蛙

箭毒蛙的個體非常小，大約只有一個指節大，色彩鮮豔，但有劇毒，南美洲土著會用牠身上分泌的黏液塗在箭頭上捕殺獵物。箭毒蛙就是在樹上鳳梨科依附植物葉片中間，聚集雨水形成的小池塘中產卵，蝌蚪孵化後，母蛙會定時回來產下未受精的卵，供蝌蚪食用，當水塘的水逐漸枯竭，箭毒蛙還會背負著蝌蚪，遷移到另一個水塘。

↑中南美洲特產的箭毒蛙，就是在鳳梨科植物葉鞘所形成的水池產卵。

時有被剝離、吹落的危險。那麼這些依附植物為何要生長在這樣危險的地方？最主要的原因在爭取得之不易的陽光。

在原始森林中，植物分為許多層次，從最高大的喬木高度30~40公尺，中層的喬木高度約20~30公尺，到下層的灌木及地被草本植物，一層層的過濾陽光，所以在森林底層是非常幽暗的。依附植物為了爭取陽光，因此選擇這個不穩定的地方生長。但由於水分的缺乏，所以依附植物往往侷限在水氣充足的熱帶及亞熱帶雨林中，在身體的構造上形成特殊的腐質收集葉及水分儲藏器官，具有強韌的根系緊緊捉握住樹皮。

⊕ 調查這個懸在高空中的生態系，是既危險又辛苦的工作。

這個懸吊在空中，離地數十公尺的生態系，因為較無直接的經濟價值，為多數人所忽視，而且非常危險、調查不易，直到近數十年來才逐漸被生態學者所重視。依附植物互相交疊所形成的腐植層，被認為是許多微小的動、植物良好的庇護所及生育地。

⊕ 會捕食昆蟲的豬籠草是屬於蔓性附生植物。

食蟲植物-豬籠草

生長在東南亞熱帶雨林中的豬籠草中，有許多種類是依附樹木生長，有著與其他植物截然不同的演化方式。豬籠草根系生長在土中，攀住樹木往上生長，由於生育地多屬於貧瘠缺乏氮素的土壤環境，為了補充氮素來源，所以在葉子前端特化成瓶狀的捕蟲囊，在捕蟲囊中有酸性、類似動物的消化液，瓶口上方會生出一片蓋子將瓶口遮住，以免大雨將消化液稀釋。瓶口位置有蜜腺及散發氣味的腺體，誘引昆蟲進入，瓶口內側非常光滑，昆蟲掉入後就無法逃脫，最後被淹死，而屍體則被分解掉。近來的研究發現，有一種特殊的蚊子專門在豬籠草消化液中產卵，孑孓已經適應了消化液中的強酸，以消化液中營養豐富的有機質為食。而有一種會游泳的螞蟻則與豬籠草共生，這種螞蟻只在捕蟲囊中築巢，每個巢的個體數很少，這些螞蟻以消化液中的屍體為食，同時幫助豬籠草清除消化液中的廢物，將較大的屍體撕裂成小塊，以方便消化分解，避免造成毒素危害。

依附植物種類

依附在老樹上生活的植物，依照其生活形式，可以分為下列四種方式：

■附生植物

整株植物體著生於大樹上，本身可以行光合作用，自身可以製造養分，根系只是緊貼著老樹的樹皮，從空氣中以及積蓄的腐植質中吸收水分及礦物質元素。林中的著生植物亦是引人注目的焦點之一，著生之蕨類以伏石蕨、臺灣山蘇花、崖薑蕨、長葉腎蕨較為常見，其中的臺灣山蘇花及崖薑蕨的葉片具有集聚落葉、灰塵等有機質之功能，累積的有機質逐年累月形成有如鳥巢般的基座，裏面亦棲居了昆蟲、馬陸等生物，共同營造一個獨特的小型空中生態系。

↑楓香老樹上密生的槲蕨。

■攀緣植物

根系生長於土壤中，通常本身無法直立，沿著樹幹向上攀升，本身可以自行進行光合作用製造養分，只是依附在大樹上以便得到陽光。通常攀緣植物並不會傷害所攀附的大樹，大家都能和平相處。如毬蘭、魚藤等。

■纏勒植物

本身為速生的高大樹木，以桑科榕屬植物為代表。種子藉由鳥類等傳佈到其他大樹上發芽生根，本身可行光合作用，根系會沿著樹幹向下延伸，入土後迅速壯大，藉著粗壯的氣生根將所依附的樹木纏

勒致死，而取代其位置，整個過程會長達百年以上。如雀榕、榕樹、白榕等。

① 雀榕纏勒茄苳老樹。

■寄生植物

著生於樹木上，本身無法獨立生活，必須藉由特殊的吸器侵入著生的大樹體內奪取養分。寄生植物可分為本身能行光合作用，只從大樹的輸導組織中奪取水分及礦物質的半寄生植物，如桑寄生；以及無法行光合作用，生活所需的營養及水分、礦物質完全要依賴大樹供給的全寄生植物，如台灣菟絲子。

① 東南亞熱帶雨林特有的螞蟻植物，基部膨大可供螞蟻定居。

螞蟻植物

在東南亞的熱帶雨林中有另一群植物採取與豬籠草完全不同的生存策略，熱帶雨林土壤貧瘠，生存不易，所以與其他物種結盟是生存上必須的策略。一些植物與森林中生物量最大的動物—螞蟻建立了良好的共生關係。螞蟻數量多而且強悍，能和螞蟻做朋友自然有莫大的好處，這類植物通稱為螞蟻植物。螞蟻植物能提供螞蟻食物或居所，而螞蟻則保衛植物以為回報，其中構造最精巧的是一些在大樹上的依附植物。其中兩種茜草科的螞蟻植物，莖的基部膨大，裡面產生許多隔間，而且有良好的通風設備。提供螞蟻現成的巢穴，螞蟻搬入後，會保護植物不受其他動物啃食，同時還會幫助螞蟻植物傳佈種子。而螞蟻在巢穴中遺留的含氮廢物又可為螞蟻植物吸收利用，雙方互得其利。如果你用手輕搖這些植物，成群的螞蟻會馬上蜂擁而出，可見這是個非常有效率的保全系統。

② 將膨大部分切開可以見到密佈其中的空腔。

老樹上常見的附生及寄生植物

松葉蕨

學名	*Psilotum nudum* (L.) Beauv.
科名	Psilotaceae　松葉蕨科
別名	松葉蘭、鐵掃把

⊕ 松葉蕨是非常古老的維管束植物。

⊕ 松葉蕨的球形孢子囊。

特徵 附生於樹幹或岩石，地下莖匍匐，二叉分岐，密被假根。地上莖綠色，直立或懸垂，長度15~80公分。葉為細小的鱗片，孢子囊球形。無眞正的根，也無眞正的葉，所見之植物主體爲二叉狀分枝的莖。植物體因無根的分化，難以與根系發達的陸生植物競爭，故移棲樹上，苟延殘喘延續其生命。性耐蔭耐濕，目前發現之數量不多。

分佈 廣泛分佈在熱帶及亞熱帶地區。台灣常見著生在樹幹上，亦有於岩石縫隙發現，多見於海拔1000公尺以下之闊葉林，但數量不多。

備註 全株如簇生之松葉而名之的松葉蕨，可說是活化石植物，早在三億三千萬年前就已出現，至今仍保存著祖先時代的原始特徵。可栽培於蛇木板上供觀賞。

小垂枝石松

學名	*Lycopodium salvinioides* (Hert.) Tagawa
科名	Lycopodiaceae　石松科
別名	小馬尾杉

特徵 附生植物，莖多回分岐，懸垂，長25~40公分。營養葉常爲3片輪生，長0.5~0.8公分，寬0.3~0.5公分。卵形至闊卵形，全緣，具短柄；孢子葉較小，長約0.1公分，卵形，密生於枝梢。

分佈 產於中、低海拔原始林內，數量稀少，爲稀有及瀕臨絕種植物。

⊕ 小垂枝石松葉二型，較大的為營養葉，較小的為孢子葉。

⊕ 小垂枝石松為稀有的附生植物。

槲蕨

學名	*Drynaria fortunei* (Kunze) J. Sm.
科名	Polypodiaceae　水龍骨科
別名	毛薑、申薑、岩連薑、猴薑

⊙槲蕨葉二型，基部為腐植質收集葉。

特徵 根莖匍匐，附生於樹幹上，根莖粗短，肉質，披針形有毛之鱗片，鱗片密生。單葉，疏生，葉二型，腐植質收集葉無柄，卵形，長5~8公分，寬3~6公分，緊貼根莖，初為綠色，後來轉為褐色。正常葉具有有翅葉柄，一回羽狀深裂，葉片長25~40公分，葉脈網狀，孢子囊群圓形，分佈於羽狀裂片兩側。

分佈 中國、中南半島。台灣分佈於海拔1000公尺以下森林樹幹上，有時會生長在民宅屋頂、牆壁上。常見。

⊙槲蕨。

崖薑蕨

學名	*Pseudodrynaria coronans* (Wall.) Ching
科名	Polypodiaceae　水龍骨科
別名	岩薑、骨碎補、假猴薑

⊙崖薑蕨長在樹幹上形成大型鳥巢狀葉叢。

特徵 大型附生蕨類。通常著生於離地數公尺以上的樹幹，根莖粗大，匍匐狀，環抱樹幹。密生褐色鱗片，葉片叢生，緊密排列，無葉柄，葉片披針形，長50~80公分，寬15~20公分，一回羽狀深裂，革質，葉脈明顯，相交成網狀。孢子囊群圓形。

分佈 中國、印度、尼泊爾、中南半島、馬來西亞等地。台灣產於海拔1000公尺以下亞熱帶闊葉林中。

⊙崖薑蕨附生在樹幹上。

伏石蕨

學名 *Lemmaphyllum microphyllum* Presl
科名 Polypodiaceae 水龍骨科
別名 抱樹蕨

⬆ 伏石蕨葉二型，圓圓、胖胖、厚厚的是它的營養葉，細長的是繁殖葉。

➡ 繁殖葉的葉背密生孢子囊群。

特徵 附生蕨類，根莖細長，蔓生於樹幹上。葉兩型，營養葉幾乎無柄，長約0.8~2公分，單葉全緣，厚肉質。孢子葉倒窄披針形至線形，葉片長4~6公分。孢子囊群長線形，分佈葉脈兩側。

分佈 中國大陸、韓國、日本。在台灣中、低海拔1800公尺以下之闊葉林可以看見。

備註 伏石蕨以走莖縱橫樹幹、岩石之上，為單調暗沈的樹皮、石塊披上綠裝。伏石蕨的葉片最耐人尋味了，其葉片為兩型葉，平時看到外表圓圓、胖胖、厚厚的是它的營養葉，可行光合作用，並儲存大量水分於葉內，以耐乾旱；另一型的葉片之型態為細長型，是其生殖葉，亦可行光合作用，其葉背可觀察到兩行黃褐色的孢子囊群，此兩型葉外表型態殊異，常常讓人以為是兩種不同的植物長在一起，非常有趣。葉子可做藥用，搗爛治腳氣腫。

石 葦

學名 *Pyrrosia lingus* (Thunb.) Farw
科名 Polypodiaceae 水龍骨科
別名 小石葦、石劍、石劍箬

特徵 根莖長而橫走。直徑約0.3公分，狀若鐵絲，密生披針形鱗片。單葉全緣，散生，葉柄長3~6公分，葉片長5~25公分，寬2~5公分，披針形至長披針形，葉背密生星狀毛，葉脈網狀，孢子囊群圓形，密生於葉背中上段。

分佈 中國、日本、琉球、越南。台灣產於中、低海拔樹幹或岩石上。

備註 葉片具有消腫、止血、利尿的功用。

⬆ 密生於樹幹上的石葦。

⬆ 石葦具有長葉柄。

垂葉書帶蕨

學名　*Vittaria zosterifolia* Willd
科名　Vittariaceae　書帶蕨科

❶ 垂葉書帶蕨。

特徵 附生性蕨類。根莖匍匐，具黑色鱗片。單葉，近生，葉柄長8~15公分，葉片長線形，長20~60公分，最長可達200公分。寬1~2公分，形如帶狀，中脈不明顯，葉脈網狀，孢子囊群著生於葉緣凹溝中。

分佈 中國、琉球、菲律賓、印尼、熱帶亞洲地區。台灣分佈於中、低海拔山區森林，懸垂在樹幹上。

❶ 垂葉書帶蕨常出現於其他附生植物下方。

杯狀蓋骨碎補

學名　*Humata griffithiana* (Hook.)C. Chr.
科名　Davalliaceae　骨碎補科
別名　杯狀蓋陰石蕨

❶ 杯狀蓋骨碎補。

特徵 著生於岩石或樹幹上。根莖延長匍匐於樹幹上，直徑約1公分，密佈銀白色鱗片；葉柄長10~15公分，葉長15~25公分，葉寬12~20公分，三回羽狀複葉，散生，羽片披針形至長三角形，最下方的羽片最大。孢子囊群杯狀，著生裂片小脈頂端。

分佈 印度北部、中國大陸西部。台灣產於低海拔山區。

❶ 杯狀蓋骨碎補具有明顯的銀白色匍匐根莖。

愛玉子

學名 *Ficus pumila* L. var. *awkeotsang* (Makino) Corner

科名 Moraceae　桑科

別名 枳仔、草實子

🔴 愛玉子的果實全部具有白色班點。

特徵 常綠大藤本，具白色乳汁，藉氣生根附著樹幹或岩石往上攀升。單葉，互生，具葉柄，柄長1~1.5公分，葉長橢圓披針形或倒卵形，長6~12公分，全緣，葉表面光滑，背面密被軟毛。隱花果橢圓形或長倒卵形，長6~11公分，全果散生白點，成熟時紫紅色。低海拔另外一種與愛玉子相當類似的薜荔，則只有果實前端有白色班點可以區別。

分佈 產於大陸及台灣中海拔森林內。

備註 愛玉子的隱花果採收、曬乾後，可以洗出愛玉凍，是夏日清涼的飲品。

🔵 低海拔常見的薜荔，則只有果實前端有白色班點。

腎　蕨

學名 *Nephrolepis auriculata* (L.) Trimen

科名 Oleandraceae　蓧蕨科

別名 球蕨、腎鱗蕨

特徵 附生或地生蕨類。根莖匍匐，細長具鱗片，常具有密被金黃色鱗片的儲水器。葉子叢生於短直立莖上；葉為一回羽狀複葉，葉柄長5~25公分，葉片長30~60公分，羽片略成鐮刀型，長約3公分，寬約1公分。孢子囊群圓形著生細脈末端近葉緣處。

分佈 熱帶亞洲，台灣常見於低海拔地區。儲水器可做為野外求生食用。

🔴 腎蕨是山區極為常見的蕨類，根部的儲水可供野外求生。

🔴 附生於樹幹上的腎蕨。

長葉腎蕨

學名	*Nephrolepis biserrata* (Sw.) Schott
科名	Oleandraceae　篠蕨科
別名	雙齒腎蕨

⬆ 長葉腎蕨。

特徵 地生或附生蕨類。根莖直立，短小。葉叢生於短莖上，葉柄長40~60公分，一回羽狀複葉，長50~100公分，羽片長披針形，長8~18公分，寬約2公分，基部不具耳狀突起，下部羽片通常較短。孢子囊群圓形，生長於距葉緣0.2公分處。

分佈 分佈於整個熱帶地區，台灣分佈於低海拔山地，通常出現在略遮蔭的樹幹或岩石細縫中。

備註 嫩葉可供食用，為野外求生植物。

台灣山蘇花

學名	*Asplenium nidus* L.
科名	Aspleniaceae　鐵角蕨科
別名	台灣巢蕨

⬆ 台灣山蘇花為低海拔鳥巢狀的大型蕨類。

特徵 大型附生蕨類。根莖直立。單葉，叢生莖頂，葉柄短或無；葉為長橢圓形，長100~150公分，寬10~15公分，葉軸表面有溝，背面圓弧狀壟起，側脈單一，相互平行，孢子囊群著生在葉片上部葉脈上，孢膜線形，長度約為中肋至葉緣的一半。山蘇花（*Asplenium antiquum* Makino）與台灣山蘇花（*Asplenium nidus* L.）在外形上頗為類似。台灣山蘇花的海拔分佈較低，葉片較為寬大，孢膜只延伸到葉片一半；山蘇花的分佈較高，葉片較窄，孢膜延伸到葉子邊緣可做為區分。

分佈 亞洲、非洲之熱帶、亞熱帶地區，台灣產於低海拔山區及蘭嶼、綠島，非常普遍。

備註 台灣山蘇花的種小名（*nidus*）為鳥巢之意，其葉片下的基座有機質圍聚如鳥巢狀，即為種小名之由來，故又稱為鳥巢蕨。它的葉片圍繞著基座生長，將水分、枯枝落葉等養分收集至基座內，經歲月的累積，擴大成一座座獨特的小型生態島。嫩葉是可口的野菜。

⬆ 台灣山蘇花的嫩葉是可口的野菜。

⬆ 台灣山蘇花的孢膜只延伸到葉片一半。

大葉桑寄生

學名 *Scurrula liquidambaricolus*
(Hayata) Danser

科名 Loranthaceae　桑寄生科

別名 大葉楓寄生

特徵 寄生性常綠小灌木。藉寄生根侵入樹木奪取水分及礦物質。新芽及小枝密被暗紅色絨毛，成熟後平滑。單葉，互生，葉柄長1~2公分，葉片長6~8公分，寬2~5公分，長橢圓形或長橢圓狀卵形，葉全緣，先端鈍。聚繖花序，花紅色，花被細圓筒形，長約2.5公分，先端4裂，雄蕊4枚。果實為漿果。倒圓錐狀長橢圓形，長約0.6公分。

分佈 產於中國大陸、台灣海拔100~2000公尺的闊葉林內。

⊕ 大葉桑寄生。

⊕ 大葉桑寄生的果實。

椆櫟柿寄生

學名 *Viscum articulatum* Burm.

科名 Loranthaceae　桑寄生科

別名 赤柯寄生、楓寄生

特徵 寄生性灌木。小枝懸垂，長度可達60公分，2~3叉分岐，節間扁平，主枝圓柱形。葉子退化，花單性，雌雄同株，簇生節上，雄花無梗，花被4裂，雄蕊4枚；雌花花被裂片較小，三角形。果實為漿果，長0.6~0.8公分。

分佈 分佈於熱帶亞洲至澳洲，常寄生於中低海拔的楓香樹上。

備註 椆櫟柿寄生果實吸引鳥類取食，種子隨糞便排到樹上發芽，侵入寄主的維管束奪取生活所需的資源。

⊕ 寄生在楓香上的椆櫟柿寄生結果。

⊕ 椆櫟柿寄生的枝條扁平。
⊕ 椆櫟柿寄生的花非常細小。

台灣菟絲子

學名 *Cuscuta japonica* Choisy var.
formosana (Hayata) Yunker .

科名 Convolvulaceae　旋花科

特徵 寄生性的蔓性植物。莖纖細纏繞蔓延，直徑約0.1公分，光滑，圓柱形，黃綠色，有紫色斑點。無葉，花序穗狀簇生，花束5~6朵，白色。花冠長0.5~0.7公分，圓筒狀或喇叭形，五裂。果實為蒴果，卵圓形。

分佈 分佈於中國中部及南部，台灣多產於中部低海拔山區。

備註 台灣菟絲子與常見的菟絲子不同點在於台灣菟絲子莖較粗，具有紫色斑點，喜歡寄生於大樹上。菟絲子莖較纖細，無紫色斑點，通常以低矮的草本或灌木為寄生對象。

◑台灣菟絲子莖上　◑寄生在龍眼樹上　◑台灣菟絲子的白色花。
　具有紫色斑點。　的台灣菟絲子。

串花藤

學名 *Boussingaultia cordifolia* teoere

科名 Basellaceae　落葵科

別名 洋落葵、俗稱雲南白藥

特徵 多年生攀緣纏繞藤本，常攀緣其他物生長。地下塊根肥大，莖肉質，紫紅色，圓滑，長達數公尺。葉子單葉互生，卵形，長3~7公分，寬2~5公分，先端尖銳，基部心形，全緣或波狀緣，肉質。花白色，小型，排成總狀花序，長約20公分，頂生或腋生，花冠5深裂。

分佈 原產於南美亞熱帶地區，台灣低海拔因栽培馴化。

備註 葉子具有黏性，可食用。

◑串花藤原產南美亞熱帶地區，已經在野外馴化。

◑串花藤的白色花穗。

發現台灣老樹

風　藤

學名	*Piper kadsura* (Choisy) Ohwi
科名	Piperaceae　胡椒科
別名	大風藤、爬崖香、南風藤

⬆ 風藤為常綠蔓性灌木。

特徵 常綠蔓性灌木，莖綠色，各節上會長出不定根。單葉互生，具有葉柄，葉柄長1~2.5公分，葉片長4~8公分，寬3~4公分，卵形或卵狀披針形，葉基心形，葉尖銳尖，葉全緣，葉上表面深綠色，下表面淺綠色。主脈5條。雌雄異花，花序穗狀花序，下垂，花小型，無花被片。果實為漿果，直徑約0.5公分，球形，成熟時為紅色。

分佈 韓國、日本、琉球。台灣產於平地至低海拔山區，常攀附在樹幹或岩石上。

⬆ 風藤的白色花穗。

魚　藤

學名	*Derris elliptica* Benth.
科名	Fabaceae　豆科
別名	台灣魚藤、毒魚藤

⬆ 魚藤葉子為奇數羽狀複葉。

特徵 常綠性大藤本。全株平滑。葉子為奇數羽狀複葉，互生，具葉柄，小葉5~7片，具小葉柄，小葉長5公分，卵狀長橢圓形。葉尖尾狀銳尖。花為總狀花序，腋出，花瓣紅色，雄蕊10枚，果實為莢果，長3~4公分。

分佈 熱帶亞洲、非洲、大洋洲。台灣產於低海拔山地及南部海濱。

備註 根及莖有毒，可供藥用。魚藤是原住民捕魚用的民俗植物。原住民挖取老齡的藤根搗碎，使其乳白色的汁液流出，將汁液倒進溪裡，10~20分鐘後，溪中魚類就開始昏迷浮出水面，再撈取食用。

⬆ 魚藤的花為紫紅色。

三角葉西番蓮

學名 *Passiflora suberosa* Linn.

科名 Passifloraceae　西番蓮科

⬆三角葉西番蓮葉片三裂。

◂三角葉西番蓮的果實。

特徵 草質攀緣性藤本。莖具有細柔毛，捲鬚腋生。單葉互生，葉柄長度1~2.5公分，葉片長3~6公分，寬4~7公分，寬卵形或闊心形，3裂。裂片卵狀三角形，葉緣具有剛毛，葉光滑。花通常成對，腋生，花梗長1~2公分，花萼5，長橢圓狀線形，不具花瓣，絲狀副花冠反捲，長0.2~0.3公分，綠色，先端黃色；雄蕊5枚，基部合生包圍雌蕊。果實漿果。直徑1~1.2公分，橢圓球形。

分佈 原產南美，現歸化於台灣低海拔地區。

備註 果實可食用。

⬆三角葉西番蓮的花，造型非常奇特。

鵝掌藤

學名 *Schefflera odorata* (Blanco) Merr. & Rolfe

科名 Araliaceae　五加科

別名 江某松、狗腳蹄

⬆附生在樹幹上的鵝掌藤。

特徵 常綠蔓性灌木，常為著生性。葉互生，葉柄長10~15公分，葉柄基部將枝條包覆。掌狀複葉，小葉7~9枚，長8~15公分，倒卵狀長橢圓形，全緣。花為繖形花序，頂生，淡綠色，小型。花瓣5~7片，長約0.7公分。果實為漿果，直徑約0.5公分，球形，成熟時黃紅色。

分佈 海南島、廣東、廣西。台灣分佈於海拔1800公尺以下的山壁或樹幹上。

備註 鵝掌藤樹形優美，廣為栽培做為綠籬、盆栽。

⬆鵝掌藤的果實。

酸藤

學名	*Ecdysanthera rosea* Hook & Arn.
科名	Apocynaceae　夾竹桃科
別名	酸葉膠藤、酸葉藤、紅背酸藤

↑酸藤果實爲蓇葖果，又開成一直線。

特徵 常綠攀緣性灌木。具有白色乳汁。葉對生，卵狀橢圓形，長3~5公分，先端尖頭，兩面光滑，葉柄帶紅色。花小，粉紅色，圓錐狀聚繖花序頂生。果實爲蓇葖果，又開成一直線，圓筒狀披針形，長約13公分，青綠色，種子多數，扁平，頂端具有白色冠毛。

分佈 產於台灣低海拔山地及荒野，常形成大片纏繞樹幹上。甚爲普遍。

備註 酸藤的葉片嚼食具有酸味，可供藥用，民間用作治療跌打損傷、風濕等症狀，乳汁可製膠。

↑酸藤花小，粉紅色，頂生圓錐狀聚繖花序。

瓜子草

學名	*Dischidia formosana* Maxim.
科名	Asclepiadaceae　蘿藦科
別名	風不動

特徵 多年生蔓性草本植物。莖纖細，光滑。單葉對生，具短柄，葉柄長0.2~0.4公分，葉片長1~2公分，寬0.7~1.5公分，肉質，光滑，圓形或卵形，葉尖微凹，葉全緣，花序爲密繖花序，腋生；花單生或3~5朵簇生，小型，白色。果實爲蓇葖果，平滑，圓柱形。

分佈 台灣特有種植物。產於中低海拔闊葉林中。

備註 全草供藥用。

↑懸垂於樹幹上的瓜子草。

↑瓜子草植株優美，可以製成小盆栽觀賞。

毬 蘭

學名	*Hoya carnosa* (L. f.) R. Br.
科名	Asclepiadaceae　蘿藦科
別名	玉蝶梅、櫻蘭

特徵 多年生常綠藤本植物。以不定根攀附在樹幹上，枝條平滑，節上生不定根單葉，對生，葉片長5~8公分，寬2.5~4公分，橢圓形，葉全緣，厚肉質。花為繖形花序，球形，腋出；花具長梗，外部白色，中心淡紅色，直徑約1.5公分，肉質，花冠5裂，果實為蓇葖果。

分佈 產於台灣低海拔山區。

備註 花葉皆美，園藝上引入斑葉品種，可栽培觀賞。

↑毬蘭以不定根攀附在樹幹上。

↑毬蘭花為繖形花序，淡紅至白色，具觀賞價值。

雞屎藤

學名	*Paederia scandens* (Lour.) Merr.
科名	Rubiaceae　茜草科
別名	牛皮凍、仁骨蛇、臭腥藤

特徵 草質藤本。莖纖細，平滑，纏繞性，全株有特殊臭味。單葉對生，葉柄長1~6公分，葉片長3~11公分，寬1.5~5公分，披針形或卵形，葉尖尖銳，上下表面均無毛。花為聚繖花序，腋生或頂生，花冠筒長1~1.3公分，外面白色，密被絨毛，裡面紫紅色，雄蕊5枚。果實為核果。直徑約0.5公分，球形，有光澤。

分佈 台灣低至中海拔地區，廣泛分佈於郊野。

備註 葉片可供食用。根部及葉片可供藥用。

↑雞屎藤的花外面白色，裡面紫紅。

↑雞屎藤為野外荒地極為常見的草本植物。

姑婆芋

學名 *Alocasia macrorrhiza* (L) Schott & Endl
科名 Araceae 天南星科
別名 海芋、細葉姑婆芋、山芋、觀音蓮、廣東萬年青

↑姑婆芋的花與果實。

特徵 多年生草本。根莖粗大，地上莖可達1公尺以上，肉質，圓柱形。單葉，叢生莖頂，葉柄長60~120公分，葉片長50~100公分，寬15~50公分。闊卵形葉基心形，葉全緣或波狀緣。花為佛焰花序，花軸長10~30公分，佛焰苞長10~20公分，花序下半部為雌花，上方為雄花，頂端附屬物長5~7公分。果實漿果，直徑0.5~1公分，成熟時為紅色。

分佈 中國、日本、琉球、菲律賓、澳洲等地區。台灣產於中、低海拔森林。

備註 根莖具有毒性，不可食用，是闊葉林下潮濕地區的優勢植物。果實成熟時吸引鳥雀來取食，種子藉糞便排出在大樹上生根。

↑姑婆芋為森林下層潮濕地區的優勢植物。

豹紋蘭

學名 *Trichoglottis luchuensis* (Rolfe) Garay & Sweet
科名 Orchidaceae 蘭科
別名 屈子花

↑豹紋蘭花黃色帶有褐色斑點。（人工栽培）

特徵 附生性蘭花。莖粗壯，長40~180公分，直徑約1.5公分，節間長2~3公分。葉子兩列互生；葉片長10~25公分，寬2.5~3.5公分，線形至線狀長橢圓形，革質。花為總狀或圓錐花序，軸長30~40公分，腋生，花朵直徑約2~4公分，花朵黃色帶有褐色斑點。肉質。果實為蒴果。

分佈 琉球至菲律賓。台灣分佈於低海拔闊葉林及蘭嶼，附生於潮濕地區的樹幹上。花期3~5月。

備註 豹紋蘭在台灣的樹量還算普遍，開花數多，栽培容易，可大量推廣做為園藝觀賞植物。

↑附生在樹上的豹紋蘭。

金釵蘭

學名	*Luisia teres* (Thunb.) Blume
科名	Orchidaceae　蘭科
別名	牡丹金釵蘭

↑ 金釵蘭的果實。

特 徵 附生性蘭花。莖長10~50公分，直徑約0.3公分。葉互生，葉片長8~15公分，寬約0.2公分，纖細，圓柱形，肉質。花為總狀花序，腋生，具有2~7朵花，花直徑約1.5~2公分，黃綠色，唇瓣散布不規則紫色斑點。花期3~5月。蒴果長約3公分。

分 佈 日本、韓國、琉球。台灣產於海拔1500公尺以下的闊葉林中。

備註 喜歡懸吊在樹幹上，大群叢生時，不仔細看很像一堆枯枝。

↦ 金釵蘭的黃色花朵，帶有褐色斑點。

↑ 附生在樹上的金釵蘭好像一堆枯枝。

老樹的伴生動物　老樹上的動物世界

　　許多種鳥類依附老樹維生，五色鳥、啄木鳥在樹幹上啄洞築巢撫育下一代，喜鵲、白鷺鷥在樹上築巢，在台灣鄉村則被視爲吉祥的象徵。啄木鳥有銳利的鉤爪，在樹幹上搜尋寄生的昆蟲爲食，替老樹去除蟲害，所以有樹木醫生的稱呼。山櫻花、刺桐開花時滿樹紅花，吸引白頭翁、綠繡眼來吸食花蜜、花粉，也爲樹木傳佈花粉，讓樹木

順利結果。許多樹木的果實是鳥類的最愛，羅氏鹽膚木、山桐子、雀榕、榕樹的果實成熟時，滿樹的紅果會吸引許多鳥類聚集，這些鳥吃了果實之後，會飛到別處釋放種子，鳥類獲得食物，樹木則獲得拓展領域的機會，形成樹木與鳥類互相幫助的互利共生。白榕、雀榕的種子依賴鳥類傳佈到其他樹木上發芽，經數十年的生長，伸長的氣生根將依附的老樹纏勒致死，取代其生態地位。

⬆在大樹上築巢的黑冠麻鷺。

⬆五色鳥在枯樹幹上築巢。

　　老樹承載了高歧異度的動物物種，例如松鼠、鳥類、蜥蜴、蛇類、蜈蚣、馬陸，以及種類繁多的昆蟲等。許多附生植物基部所收集的腐植質更是許多昆蟲、蜘蛛的最佳棲所。台灣山蘇花（*Asplenium nidus*）的種小名（*nidus*）爲鳥巢之意，其葉片下的基座有機質團聚如鳥巢狀，即

⬆稀有鳥類白頭鶇吃食山桐子果實。

為種名之由來。它的葉片為單生葉，圍繞著基座生長，葉柄及中肋粗黑堅韌、直挺，支持著寬大的葉身，將水分、枯枝落葉等養分收集至基座內，經歲月的累積，擴大成一座座獨特的小型生態島。這種「高樓的土壤」經學者研究，其有機質含量是一般地面土壤的數倍之多，含水量亦相當高，裡面棲居的生物量亦比一般的地面土壤為高，分解腐植質的無脊椎動物如跳蟲、蟎蜱、馬陸；捕食性的蜈蚣、蜘蛛；社會性昆蟲的螞蟻；及隱翅蟲科，俗稱蟻客的甲蟲等。

　　生活在老樹上的動物中，數量最多、種類最複雜，與老樹關係最密切的就屬昆蟲類，有些種類的昆蟲停棲在老樹上休息、聚集、求偶、產卵、進食，有些則在老樹上築巢。白蟻會在樹幹內穿孔造巢，造成老樹的腐朽、傷害。胡蜂則剝取老樹樹皮，嚼碎後與唾液混合成極為堅韌的紙漿築巢。螞蟻是森林中數量最多的動物，強悍的攻擊力讓許多動物畏懼，若能與螞蟻合作對植物非常有利，一些樹木就演化出特殊的構造與螞蟻共生，有些樹木（如野桐）會產生蜜腺吸引螞蟻來吸蜜，有些則演化出中空的樹幹

❶ 赤腹松鼠是老樹上的常客。

❶ 稀有的黃鸝鳥吃榕樹的果實。

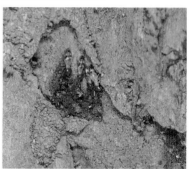
❶ 白蟻侵入老樹樹幹築巢，吃食樹體，造成老樹腐朽。

❶ 虎頭蜂剝取樹皮嚼碎，製成紙漿築巢。

提供螞蟻免費的居所；中南美洲的刺槐會產生中空的棘刺，讓螞蟻在其中築巢，葉片邊緣則產生特殊的黃色營養體供螞蟻食用。螞蟻則回報樹木最佳的保全系統，牠們會替樹木巡邏，當發現有別的昆蟲吃食樹木葉片時，螞蟻會將牠趕走；有蔓藤纏繞在樹木上，螞蟻會將之清除，讓樹木能順利迎向陽光生長。

　　大樹的樹葉是許多植食性動物的最愛：金花蟲、金龜子等成蟲及鱗翅目幼蟲會直接取食樹葉造成蟲孔；潛葉蠅會鑽入樹葉內吃食樹葉形成隧道狀的蟲孔；星天牛則鑽入樹幹取食樹幹內的組織；具有刺吸式口器的薊馬、蚜蟲則吸食葉片內的汁液；蟬的幼蟲則鑽入地下吸食植物根部的汁液，等到成熟時再爬出地面羽化；某些昆蟲如木蝨、蚜蟲會分泌刺激性物質在樹葉、樹幹上，形成形狀特殊的蟲癭。

　　捕食性昆蟲也與大樹互利共生，捕食危害大樹的植食性昆蟲，避免大樹被傷害，像瓢蟲、草蛉捕食介殼蟲、蚜蟲，是自然制衡的機制之一。寄生型的小繭蜂寄生在鱗翅目昆蟲幼蟲身上，可以減少樹木被蠶食的機會。在現代農業生產上，利用這種自然性的天敵來控制害

↑黑點大白斑蝶吸食火筒樹的花蜜。

↑薊馬在樹上形成鳥巢狀的蟲癭。

↑椿象產卵在樹葉上。

蟲的數量，是非常值得重視的生物性防治方法。

　　授粉性的昆蟲在大樹開花時協助授粉，而大樹則以花粉、花蜜為授粉報酬。如蜜蜂、蝴蝶在白天活動，所以靠蜜蜂、蝴蝶傳粉的植物就在白天開花；蛾類、蝙蝠在晚上覓食，靠這些動物傳粉的植物，自然就必須在晚上開花以配合授粉者活動的時間。榕樹與榕小蜂間的授粉關係更為一絕，榕小蜂為榕樹唯一傳粉者，而榕果內有一些特殊的不孕性雌花會提供榕小蜂在其中產卵繁殖後代。沒有榕小蜂則榕樹無法授粉產生種子，缺乏榕樹提供的庇護所，榕小蜂也會滅絕，這種互相依賴的關係屬於絕對性的共生型態。

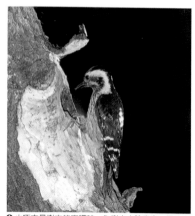

❶小啄木是樹木的守護神，為樹木去除蟲害，同時也在枯幹上築巢。

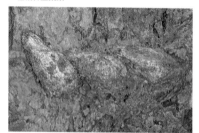

❶以楓樹樹葉為食物的天蠶蛾在樹幹上結蛹，又叫楓仔蟲。

　　開花後自然要完成傳宗接代的下一階段任務——結果。肩負下一代生存重任的種子包裹在果實中，果實成熟前，大多數呈現不明顯的綠色以避免被發現，有些還具有毒性以避免被吃。大樹的果實成熟後，果皮表面就會呈現出多樣化的美麗的色彩，放出濃濃的香味吸引動物前來取食。雀榕結果時，會看到大群鳥類群集樹上摘取果實，這些鳥類將果實吃下肚後，並未將種子完全消化，而是讓種子隨著糞便排放到其他地方生根發芽。許多種子演化出具有堅硬外殼以及抑制物質的特性，讓種子在經過鳥類腸道後將種子磨軟，或抑制物質消失後才會發芽。大樹建構了一個繁密複雜、奧妙迷人的世界，裡面的能量循環、生生死死，還靜待研究者努力去揭開其神秘面紗。

台灣山林中的巨木

雪山神木
紅檜神木，為臺灣固有鄉土樹種，約有一千四百餘年，約在我國歷史上之南北朝長出，幕五十公尺，胸圍十三公尺，胸直四公尺，枝幹六出，勢夫拔地，幹數軒昂，直極圍播非凡，枝繁葉茂，主幹昆山，阿里山，極拉山神木亦為此樹種。

臺灣森林祭局

筆者在調查巨木期間，最深刻的感觸是台灣現在殘存在山林中的神木、老樹，正是所謂的「無用之用」的最好寫照。莊子逍遙遊中，惠子謂莊子曰：「吾有大樹，人謂之樗，其大本擁腫而不中繩墨，其小枝卷曲而不中規矩，立之塗，匠者不顧。……」莊子曰：「今子有大樹，患其無用，何不樹之於無何有之鄉，廣莫之野，彷徨乎臥寢其下。不夭斤斧，物無害者，無所可用，安所困苦哉！」許多神木多因為樹幹中空、樹形扭曲，不堪大用而逃過刀斧之劫，神木不止給我們視覺與生態上的價值，同時也教導我們生存的智慧。

　　台灣是個高山島，由於蓬萊造山運動，菲律賓海板塊與歐亞大陸板塊擠壓碰撞，使台灣島從海中隆起，形成目前海拔超過3000公尺的山頭超過200座。高山攔截夏季西南氣流和冬季東北季風帶來的水氣，雨量豐沛，加上山勢地形效應，白天陽光照射水氣上升，午後山區溫度漸降、水氣停滯形成雲霧或雨滴，如此天天反覆，在本省山地海拔1500~2500公尺之間，長年雲霧繚繞，稱為「盛行雲霧帶」，生長在終年濕潤、充滿豐沛霧氣的森林，俗稱「霧林」，由於水氣充足，苔蘚、地衣、附生植物繁盛，森林多為針葉闊葉混生，也是臺灣巨木的家鄉。其中孕育了紅檜、扁柏等世界級的檜木林。

　　全世界檜木屬植物約6種，僅見於北美、日本及台灣等北太平洋區，具有海洋性氣候，因高山地形攔截豐沛水氣才能形成檜木林。台灣最高大的喬木「台灣杉」（*Taiwania cryptomerioides* Hayata）和最老的檜木也完全匯聚在此中海拔的霧林中。

　　曾被樹木學泰斗金平亮三譽為東亞第一大針葉樹的紅檜及一級針葉木的台灣扁柏為台灣特有的檜木，台灣檜木可分紅檜與扁柏（黃檜）。紅檜的木材呈紅褐色，具有特殊的香味，是建築、家具的上選，也是日治時代及光復後林務局伐木的主要對象。這兩種針葉樹常混生形成檜木林，二者都生長緩慢，是遠古時代的活化石植物，也刻劃著台灣生態演化變遷的記錄。

　　檜木生長非常緩慢，壽命極長，紅檜胸徑1.3公尺以上的樹齡已達四百年以上，所以臺灣的森林中可稱為巨木的比比皆是，經千年的

歲月形成參天巨木。尤其在新竹縣尖石鄉、宜蘭縣大同鄉、桃園縣復興鄉交界地帶，更是紅檜巨木最密集的區域，有學者倡議將此區劃爲國家公園善加保護。筆者有幸能與這些巨木共處，欣賞到這些巨木的歲月、姿態之美，實爲人生一大樂事。

一、台灣十大巨木排行榜

排名	巨木名稱	巨木地點	樹種	胸圍	樹高公尺	推定年齡
1	台灣巨無霸神木	苗栗泰安鄉，大安溪第75林班	紅檜	20.6	55	2500
2	鹿林神木、新中橫神木	新中橫88.8 Km阿里山219林班	紅檜	20.5	30	2000
3	浴火鳳凰神木	桃園縣復興鄉，達觀山18號	紅檜	19.2	42	1800
4	眠月神木	溪阿縱走路邊	紅檜	17.8	48	2500
5	觀霧二號巨木(二株合抱)	觀霧森林遊樂區	紅檜	16.7	34	
6	斯馬庫斯巨木	大安溪第89林班	紅檜	17.5	35	2500
7	水庫神木	阿里山第7林班地	紅檜	16	36	2700
8	萬年神木樟樹公	信義鄉神木村，阿里山222林班	樟樹	15.7	43.6	1500
9	凌雲神木	桃園縣復興鄉，達觀山21號	紅檜	14	55	2700
10	觀霧一號巨木	觀霧森林遊樂區	紅檜	13.6	47.1	2000

二、臺灣原始森林中的巨木

有巨木自然會比大小，中外皆然。在進行老樹調查時，經常聽到當地居民說：我家附近這棵老樹是全縣最大的，從我還是小孩時，這棵樹就已經這麼大了！

老樹的大小計算應該有一個客觀數據的依據，台灣樹木的大小是以胸圍爲依據，2003年10月觀賞「台灣部落尋奇」節目時，外景隊測量一棵鎮西堡神木，宣稱比台灣第一大的大安溪神木還大，但他們測量的方法錯誤，由樹幹接近根際測量，所以並不可信。林務單位爲了計算樹木的材積，所使用的正確測量方法是在樹幹距離地面1.3公尺處水平量測樹幹的周長，稱爲胸圍。若樹木生長在斜坡上，則以斜坡上方樹幹爲基準。

這樣測量的方法說來簡單，但在野外實施卻是困難重重，筆者

參與測量位於大雪山230林道的大雪山神木，因為神木位於陡坡上，必須用繩子從斜坡上方量1.3公尺處水平樹幹周長，但斜坡上下的高差約有5~6公尺，所以下方必須用竹竿或樹枝撐高約兩層樓。加上樹幹本身有很多瘤瘤，凹凸不平，因此也容易造成測量上的誤差。

林務局為因應遊客的要求，自1994年首次列出台灣前十棵最粗大的巨木。後來因為測量數據有出入，加上新的神木陸續被發現，所以至1998年，林務局共將台灣十大巨木排行榜變動了七次，由於桃園縣復興鄉嘎拉賀巨木未申報數據，所以未列入新的十大巨木排行榜中，新神木亦不斷被發現，相信排行榜還會有所變動。不過數據不夠準確，而且完全以胸圍做為排行依據，像高度、樹冠寬度都未列入，並不能完全表示巨木的客觀數據。

美國林葉協會冠軍樹選拔標準可供做為參考。美國森林協會（American Forestry Association）曾舉辦國家冠軍樹選拔。選拔方式是以州為地區單位，以樹種為比賽單元，無論本地種或引進種，只要經森林協會派員鑑定，指數最大者，就是該樹種的冠軍樹。於是一個丈量樹木的標準「點」（point），就這樣被設計了出來：每個「點」代表高度1呎、由地面算起4又1/2呎處的周長（吋），或樹冠直徑4呎，樹的大小即以點的多寡來判定。例如一棵高100呎、周長30呎、樹冠直徑50呎的樹，其積分就是472.5點。1945年，第一份「巨樹名錄」（Social Registerof Big Trees）正式出版，收錄從字母A字開頭的相思樹屬（acacia）到Y開頭的王蘭屬（yucca），共計228種美國和外國的冠軍樹。今天，這本名錄收集的樹種已超過650種以上，其中有5種是在頭版時就已名列其上。

在台灣十大巨木中，除了第九大信義鄉神木村的樟樹外，其餘樹種都是紅檜，但因測量方式正確與否，會使胸圍數據有很大的誤差。像台灣第一大雪山巨木，林務局公佈的資料為25公尺，但最近重新測量的結果，只有20.6公尺，斯馬庫斯巨木原始胸圍資料為20.5公尺，但重新丈量只有17.5公尺，台灣最負盛名的阿里山神木據官方資料胸圍為23.5公尺，但重新測量的結果只有13公尺多，巨

發現台灣老樹

木胸圍數據多有高估之嫌，或許是當初林務單位為了灌水，將樹幹與地面交界的周長當成胸圍，因此巨木的胸圍經過重測後大都縮水不少。另外達觀山18號與觀霧2號巨木各是由兩棵紅檜連體並生，是否可視為一棵樹，仍有商確的必要。筆者相信在台灣的原始森林中仍然有許多巨木等待被發現，阿里山香林國小後方山坡下的香林紅檜神木，胸圍15公尺，應可擠下觀霧1號巨木名列十大排行內。2002年台灣山岳界的大事之一，就是在南部大武山雙鬼湖一帶發現台灣杉巨木群，其中最粗大的胸徑4公尺，高度達50~60公尺，應可打破台灣樹木的最高紀錄。

在斯馬庫斯對面，新竹縣尖石鄉鎮西堡於2002年由原住民報導而發現一區神木群，其中位於第二區的烏龍神木胸圍15.5公尺，夫妻神木胸圍16.6公尺，因此十大巨木的排行應會有變動。台灣前十大巨木比日本屋九島上最大的繩文杉的胸圍16.2公尺，樹高34公尺要高大許多，屋九島的繩文杉已被聯合國列入世界自然遺產，相較來說，台灣前十大巨木應都有資格列入世界遺產中。國人應該排除政治因素，積極爭取，讓世界各國人民知道台灣自然資源的珍貴，也讓這些老樹獲得更多的尊重與保護。

❶ 林務局已為巨木設立圍籬保護，避免樹基泥土被踐踏。

臺灣巨無霸神木（大安溪神木）

樹高 55公尺

樹圍 達20.6公尺

樹齡 至少2500年以上

▶地理位置
苗栗縣泰安鄉大安溪75林班地，雪霸國家公園自然保護區範圍內，大雪山230林道旁邊下方200公尺的斜坡上。

　　這棵紅檜巨木位於雪山山脈。無論樹圍、高度，都是台灣第一大巨木，號稱台灣巨無霸神木。樹幹較寬的一側猶如一堵高大的樹牆，頗有震撼之美。樹幹的心材部份已經中空，才逃過刀斧之劫。從側邊的裂隙可進入老樹的中央，內部可容十幾人，從空洞中可仰望天際。

　　這棵巨木位於雪霸國家公園內的大雪山230林道旁，位置雖在苗栗縣泰安鄉，但入口在大雪山森林遊樂區，需經請甲種入山證，由小雪山莊下方的林道進入。

　　要到這棵巨木必須開四輪傳動車，費時約三小時，位於林道下方約200公尺的陡坡上，原來人跡罕至，但因知名度日高，遊客漸多，林務局已在周圍設置了木板棧道來保護。

　　921大地震巨木無恙，但象神颱風折斷兩枝粗幹，2002年後，230林道坍方不斷，現已無法通行，現在東勢林區管理處仍在評估道路搶通後的效益及管理問題，但也讓巨木多一點休養生息的時光。

◐位於苗栗泰安鄉大安溪畔，陡峭山坡上的台灣第一巨木。

◐巨無霸巨木略呈扁平狀，寬面猶如一堵高大圍牆，令人驚嘆。

◐巨木中央已經腐朽中空，可仰望藍天，置身其中是人生極為難得的經驗。

新中橫巨木（鹿林神木）

樹高 約30公尺
樹圍 達20.5公尺
樹齡 估計超過2000年

▶地理位置
位於阿里山219林班地，新中橫公路塔塔加至阿里山段路邊約五十公尺的山坡下。

　　這棵近年才發現的紅檜巨木以胸圍來說是臺灣第二大巨木。從路邊即可見到高聳的樹冠，樹幹粗壯密實，枝葉茂密，以前曾遭雷擊而折斷，以致高度縮減不少，現已逐漸恢復。

　　巨木最可觀的角度是由斜坡下方觀賞，眼前的視野完全被巨木佔據，裸露的樹幹顯露出木材細緻的紋理，高聳的樹身分為兩枝大主幹，高聳入雲。筆者初次探訪時，或許因知名度不高，且坡度非常陡峭、濕滑，少有人為干擾，所以周圍植被還能保持原始狀態。後來有登山團體在步道上綁上繩索方便攀爬，隨著遊客逐漸增加，斜坡做成之字形道路方便遊客到達，以致巨

⊕ 新中橫巨木生長的非常粗壯巍峨，仍然非常健壯。

木旁的土壤被壓實，逐漸被沖刷而致根系裸露，另外樹皮也被剝取，對巨木是日積月累的傷害。期盼主管單位台大實驗林管理處能盡速建設圍籬加以保護。

⊕ 從樹幹基部仰望巨木粗糙斑剝的樹皮，更顯巨木的宏偉、蒼老。

⊕ 新中橫巨木是十大巨木中最容易到達的一棵，從公路旁即清晰可見。

眠月神木

樹高 48公尺
樹圍 17.8公尺
樹齡 應有2500年以上

▶地理位置
位於阿里山至溪頭(阿溪縱走)的路邊。

⊕眠月神木位於溪阿縱走的路上。

　　樹種為紅檜,列名台灣第四大巨木。巨木已顯老態,樹幹腐朽,略呈扁圓形,一側有裂痕可鑽入中央,樹頂部份枝條已斷落。樹前有一解說牌稱神木已有4100歲,雖有高估,但應有2500年以上。

　　巨木名稱由來是在西元1906年,日本人河合博士來台灣做調查,晚間睡於巨木下,看見一輪明月,巨大樹身映照大地,有感大自然的浩瀚偉大,心有感觸而命名。

　　至眠月神木可從阿里山搭森林小火車至石猴站,途中會經過台灣一葉蘭保護區。(一葉蘭是台灣原生種蘭花,極具觀賞價值,但因採集過度,已難得一見,四、五月時整個崖壁會長滿粉紅色花朵,極為美麗。)從石猴車站邊的步道經陡峭的好漢坡,約三小時路程才可抵達。阿溪縱走以往是熱門的登山健行路線,但被賀伯颱風破壞的柔腸寸斷,路況不熟的登山客極易迷路,因缺乏經費,林務局已封閉這條步道,921大地震後,眠月線鐵路因多處坍方停駛,要徒步才能到達,林道也已斷絕,山路另一端的杉林溪道路重建又極緩慢,故要看到這棵巨木非常困難。

⊕樹幹的基部形成一個天然的樹洞,鋪滿了木屑,空氣中充滿著潮濕、腐朽的味道。

⊕巨木中央已經完全腐朽中空,但並不影響生長。

斯馬庫斯巨木（巨人神木）

樹高 35公尺
樹圍 17.5公尺
樹齡 估計有2500年

▶地理位置
位於新竹縣尖石鄉泰雅族部落，桃園縣、新竹縣、宜蘭縣三縣交界處。

樹種為紅檜，名列台灣第六大巨木。位於溪谷，人跡罕至，生長十分健旺，樹身並無中空腐朽，頂端的枝幹曾經折斷又重新萌發新枝，所以外形極為特殊，當地族人尊稱這株巨木為神木大老爺，另因巨木枝條伸展形狀頗似人形，又稱巨人神木。

林務局在巨木周圍設置木板棧道加以保護，但已經腐朽毀壞。在斯馬庫斯巨木附近也有十餘棵較小的巨木，自成一巨木群。至斯馬庫斯巨木要申請甲種入山證，由竹東鎮轉秀巒道路，約經兩小時車程到斯馬庫斯部落，經斯馬庫斯古道步行約三小時，沿途經過溪流、懸崖、崩崖等險惡地形，雖然非常辛苦，但落差不大，風景秀麗，現在已是很熱門的登山、健行路線。

⬆ 巨木有幾支粗大的分枝曾經受過傷，癒合後形成非常獨特的樹形。

⬆ 粗壯的樹幹基部向周圍伸展甚廣。

⬆ 林務局已為巨木設立圍籬保護，避免樹基泥土被踐踏。

達觀山18號巨木（浴火鳳凰神木）

樹高　42公尺
樹圍　19.2公尺
樹齡　估計1800年

▶地理位置
桃園縣復興鄉達觀山
（拉拉山）自然保護
區。

　　台灣已開放的巨木群中，最容易到達的就是達觀山（拉拉山）自然保護區。達觀山保護區以保護巨木為主，除了保育之外，還開放22棵巨木供民眾參觀，其中有兩棵名列台灣十大巨木之內。林務局為這些巨木設置良好的步道系統，是森林浴、郊遊、健行賞樹的好地方。

　　18號巨木又名連體攣生巨木，由兩棵紅檜連體合生，排名台灣第三大巨木。民國62年有遊客夜間在樹下烤火取暖引發火災，將巨木嚴重燒傷，其中一株已枯死，只存灰白枯幹；另一株僅存三分之一存活，僅剩部份枝條有綠意，獨向長空，顯得十分孤寂，神木歷經火劫而能存活，所以又名浴火鳳凰神木。林務局在巨木上設避雷針防雷

⬆巨木呈扁平狀，由兩棵紅檜連體而生。

擊，同時設步道供遊客觀賞以免踐踏，但達觀山自然保護區自開放以來，已有數棵神木因不當遊憩行為死亡，自然保護區的生態體系十分脆弱，更凸顯管理維護的重要性。

⬆林務局為巨木設置避雷針、圍離加以保護。

⬆巨木因遭火劫而大半枯死。

發現台灣老樹

唐穗山巨木 （嘎拉賀巨木）

樹高 50公尺
樹圍 16.2公尺

▶地理位置
桃園縣、宜蘭縣交界的
唐穗山上，大漢溪
61.62林班地內。

　　台灣十大巨木中，桃園縣復興
鄉就名列三株。這棵巨木又稱為嘎
拉賀巨木（當地泰雅族部落名稱），
樹種為紅檜。最近幾次的巨木排行
榜中，這棵樹都沒有數據，因此並
未列入台灣十大巨木中。

　　嘎拉賀部落附近共有三處巨木
群，唐穗山巨木在最偏遠的B區，
位於濃密的原始森林中，鮮少人
跡，巨木高聳挺立，樹勢十分健
旺，完全不見老態。從樹身的中間
分為四枝粗大的枝幹，樹下裸露的
樹根形成天然樹洞，當地原住民稱
為婆婆神木。在旁邊另有一棵高大
挺直的神木，雖未排入十大巨木，
但也十分可觀，泰雅族人稱這棵樹
為神木爺爺。

　　要欣賞這兩棵巨木，需由北橫
公路巴陵轉光華道路，經40分車程
到嘎拉賀部落。從道路盡頭下溪谷

⊙從樹基仰望巨木，益加感覺人的渺小。

再往上攀登，路程十分艱辛，來回
約需6~8小時，與眠月神木同列為
最難到達的巨木。部落中的全興農
場有提供住宿服務，參觀神木最好
準備兩天一夜時間，第一天在部落
住宿，第二天清晨出發，下午返回
部落。

⊙要探訪唐穗山巨木要先下到溪谷，溯溪再翻越數座山
頭，路程十分辛苦。

⊙唐穗山巨木樹身瘦
長，樹幹基部十分粗
大，樹幹中段分為四
支主枝。

觀霧二號巨木

樹高 34公尺
樹圍 16.7公尺

新竹縣尖石鄉與苗栗縣
泰安鄉的觀霧森林遊樂
區。

在台灣的森林遊樂區中，除了達觀山以外，觀霧森林遊樂區也是以巨木群聞名。觀霧的巨木群又稱檜山巨木，其中觀霧一號與觀霧二號巨木分別名列台灣第十及第五巨木。觀霧二號位於一號下方約200公尺，由兩棵紅檜連體並生而成，樹勢不高，在樹頂分為數支粗幹，樹下樹根外露，盤結交錯，明顯有水土流失的現象。在西元2000年，有人在樹洞中放火燒樹，並砍斷枝條，建議及早建圍籬保護。

前往觀霧可由竹東鎮轉竹122縣道，進入觀霧前宜先在橫山派出所辦理甲種入山證，臨時前往者，可在竹122線終點清泉檢查哨辦理

⬆層層霧氣籠罩下的巨木更顯神秘，觀霧之名實名不虛傳。

入山證。由清泉檢查哨接大鹿林道約經一小時車程可達檜山巨木群登山口，下車步行約40分鐘即可到達。

⬆觀霧二號巨木位於步道的盡頭，並未設置圍籬保護。

⬆巨木樹幹基部的泥土因遊客踐踏而流失，使樹根裸露，應設置圍籬加以保護。

發現台灣老樹

觀霧一號巨木

樹高 47.1公尺
樹圍 13.6公尺
樹齡 估計有2000年

▶地理位置
新竹縣尖石鄉與苗栗縣泰安鄉的觀霧森林遊樂區。

　　樹種為紅檜，名列台灣第十大巨木。緊鄰步道邊，巨木高大聳立，生長健旺，中段分為兩大枝系，位於周遭人工林中更顯鶴立雞群之感，是檜山巨木群的重要景觀點，素有樹爺爺的美稱。

　　林務局在巨木邊架設圍籬及避雷針加以保護。觀霧地區除了欣賞巨木外，往巨木群的步道邊還可見到黃花鳳仙花、棣慕華鳳仙花等稀有植物。大鹿林道是登大霸尖山必經之路，同時會經過稀有的台灣檫樹保護區。觀霧地區海拔在2000公尺左右，夏季平均溫度較平地約低10度，涼爽宜人，是避暑的好地

❶觀霧一號巨木高大聳立，較觀霧二號巨木生長健旺。

方。住宿除了林務局的觀霧山莊，另外當地還有農場提供民宿，在竹東鎮有轉運站，載客上下山區。

❶林務局雖為觀霧一號巨木設置圍籬保護，但樹基仍因土壤裸露流失，造成樹根外露的情況。

神木村萬年樟樹公（和社神木）

樹高 43.6公尺
樹圍 15.7公尺
樹齡 估計有1500年

▶地理位置
南投縣信義鄉神木村林務局阿里山事業區第222林班。

　　這棵樟樹巨木名列台灣第八大巨木，是臺灣最大、最老的闊葉樹。神木村也因這棵巨木得名，村民對老樹極為敬重，尊稱為萬年神木樟樹公，樹幹上用紅布圈圍以示尊敬。老樹樹幹黝黑粗壯，生長狀況極佳，樹頂有許多附生植物。

　　巨木位於神木溪旁，在賀伯颱風時遭到大雨及山崩的侵襲，旁邊廟宇皆被土石流沖走，老樹周圍堆積了許多轎車般大的巨石，唯獨老樹盤根錯節，地基穩固仍屹立不搖。颱風後又遭受蟲害，全株大量落葉，經噴藥後逐漸恢復，老樹歷經劫難而能安然無恙，實在不得不欽佩其旺盛的生命力。

　　樹頂有一棵巨大的雀榕附生，其強韌的根系經過至少上百年的時

⊕ 老樹樹幹黝黑粗壯，直上數十公尺才有分枝，村民在巨木樹幹上纏繞紅布以示尊崇。

間，由樹頂向下延伸數十公尺到達地面，是另一項難得一見的奇景，巨木為神木村的精神信仰中心，遊客絡繹不絕。賀伯颱風後因對外交通不便，訪客日稀，就保護老樹而言，或許也是件好事。

⊕ 賀伯颱風後巨木遭到土石流侵襲，圍籬、廟宇皆被沖毀，唯獨巨木仍然屹立不搖。

⊕ 賀伯颱風前的巨木，高聳入雲，遊客絡繹不絕，廟宇香火鼎盛。

達觀山21號紅檜巨木（凌雲神木）

樹高 55公尺
樹圍 14公尺
樹齡 高達2700年

▶ 地理位置

桃園縣復興鄉達觀山自然保護區內。

　　達觀山21號紅檜巨木，是台灣現有紅檜中高度最高者，所以又稱凌雲神木，名列台灣第九大巨木，據林務局公佈的資料，樹齡高達2700年。

　　巨木生長的情形非常奇特，樹身呈扁長形，生長在非常陡峭的山坡上，樹身一側非常狹窄，另一邊則非常寬闊，與坡度呈直角方向生長，有助於側方的支撐。或許正因形狀奇特，材積不多無法利用而保存至今。原先步道是沿著巨木下邊緣經過，後因洪水將步道沖毀，新步道位於巨木上方，離巨木較遠，且有木板圍籬限制遊客進入，

⊕ 達觀山21號巨木樹身非常瘦長扁平不成材，或許這樣才能免於刀斧之災。

由步道遠望只能見到較窄的一邊，無法窺看神木的壯大，只有走到側方，才能一睹神木的壯觀樹姿。

⊕ 從樹幹基部往上仰望猶如一堵高大的峭壁，

溪頭神木

樹高 38公尺
樹圍 12.6公尺
樹齡 約為1800年

▶地理位置

台大實驗林管理處溪頭
森林遊樂區中。

⊕溪頭神木樹頂枝條多已枯死，顯現老態龍鍾之貌。

　　溪頭森林遊樂區中最有名的景點就屬這棵紅檜巨木。遊客來溪頭遊玩，都會來樹下廣場與神木拍照留念。樹齡原預估為2500~2800年，後經台大實驗林技正黃英塗先生查閱造林台帳、利用年輪寬度、密度與樹齡關係，求得溪頭神木約只有1800年，可見樹齡估算的確是相當不容易，尤其溪頭神木樹幹中空，無法用生長錐鑽取木質部計算年輪，更增加了困難度。

　　溪頭神木原來樹下有一樹洞，遊客可鑽入樹洞中由樹頂的缺口直望天際，後來為了保護神木，林管處將樹洞封閉，並在周圍種植草花綠化。溪頭神木除了樹幹中央腐朽外，頂端的枝條多已枯死，可見吸水及運輸能力降低，顯現老態龍鍾之態。希望林管處能多加照應，讓這明星老樹得享天年。

⊕溪頭神木樹幹中空，由樹底下的空洞可以鑽入樹幹中。

⊕由樹底可以透過樹頂的空洞窺看天際。

發現台灣老樹

雪山神木

樹高 50公尺
樹圍 13公尺
樹齡 1400餘年

▶地理位置
台中縣和平鄉大雪山森林遊樂區。

　　台灣中部的神木級紅檜巨木，除了溪頭神木外，最有名的當屬位於大雪山森林遊樂區的雪山神木。

　　有1400餘年樹齡的「雪山神木」，在群林中倚天傍地、睥睨群英，氣概非凡，是大雪山重要景點。雪山神木屬瘦長型的神木，當初該森林遊樂區為大雪山林業公司的砍伐地，開闢200、210、230林道，沿著等高線一路砍伐沿線樹木。據林場老員工口述，當年本欲砍伐該棵神木，但因鋸子不夠長而作罷，老神木因粗壯樹圍而逃過一劫。

　　老樹附近有小雪山莊、天池等著名景點。原來附近為泥土路面，

⬆雪山神木周圍有柵欄圍繞，保護措施十分周到。

現在已經鋪設植草磚，並在神木周圍設置柵欄，釘上避雷針以防雷擊，保護得相當完善。

⬆雪山神木在群林中倚天傍地、睥睨群英，氣概非凡。

⬆相對於其他粗壯的神木，雪山神木顯得相當瘦高。

白嶺巨木

樹高：30公尺
胸圍：9.4公尺
樹齡：約2500年

▶地理位置

太平山森林遊樂區，太平山林道中途解說站至太平山
賓館間的路邊。

　　在台灣各森林遊樂區的神木中，生長情況最差的莫過於白嶺巨木了！

　　該棵神木除了樹幹嚴重腐朽中空，並由中央斷裂，林務局用三段鋼索將神木樹幹團團圍住，勉強維持樹身不致崩倒。巨木曾經從中間折斷，由折斷處重發新枝，現在枝葉稀疏，勉強存活，晚境淒涼。

　　太平山昔日為台灣三大林場之一，伐下的巨木何止千萬，白嶺巨木由於沒有利用價值而保存一命，成為當年巨木之鄉殘存的歷史活見證。

⬆白嶺巨木由三段鋼索綁住勉強維持樹形。

⬆白嶺巨木位於林道邊的急彎處，樹勢極弱，不如其他巨木的氣勢壯碩。

蓄水池巨木（水庫神木）

樹高 36公尺
樹圍 16公尺
樹齡 約2700年

▶地理位置
阿里山鐵路水山支線旁，阿里山自來水儲水池旁、山葵園中間。

　　阿里山現今最大的神木並非已開放的巨木群步道的多棵神木，而是遠在已廢棄的阿里山自來水儲水池旁、山葵園中的蓄水池巨木。

　　蓄水池神木位於阿里山鐵路水山支線旁，相較於已經死亡倒伏的阿里山神木胸圍13.6公尺要大上許多，粗大的樹圍名列台灣第七大巨木。

　　蓄水池神木曾遭雷擊，材積不高所以未遭砍伐。林務局對蓄水池神木一直保持低調，現已在神木周圍圍上柵欄，希望在遊客進來之前，先將保護措施做好，避免對神木的傷害，日後再配合水山支線的復駛，吸引遊客前來。

　　要到這棵巨木可由嘉義往阿里山路邊一岔路到蓄水池，由蓄水池下車後經過山葵田才能到達，沿途並無指標或明顯道路。

⊕蓄水池巨木隱身於山葵田中。林務局已在蓄水池巨木四周圍上柵欄以保護巨木安全。

⊕由樹下仰望巨木雄姿。

〔台灣山林中的巨木〕

香林巨木

樹高 43.5公尺
樹圍 13.1公尺
樹齡 估計有2300年

▶地理位置
阿里山森林遊樂區內，香林國小下方，菜圃旁的斜坡上。

「123到台灣，台灣有個阿里山，阿里山上有神木……………」

阿里山森林遊樂區內最有名的景點當然是位於阿里山鐵路旁的阿里山神木，自被雷擊枯死倒伏後，林務局急於重建阿里山新地標，於是在遊樂區中新闢巨木群步道，共有20餘棵紅檜巨木供遊客觀賞，其中光武檜、千歲檜胸圍都有12公尺以上，樹齡約在2000年之間，已逐漸取代阿里山神木的地位。

但遊樂區中最粗大的神木卻是知名度不高的香林神木，位於香林國小下方菜圃旁的斜坡，與國小相距約200公尺，很容易到達。原先林務局一直對巨木位置持保留態度，至2002年8月才開放參觀。香林神木生長的相當壯碩，樹幹在離地約15公尺處分為數支大枝，頂端樹葉略微稀疏，現林務局已在神木旁規劃步道設施供遊客觀賞，若到阿里山，務必前往欣賞這棵神木的姿采。

❶香林神木位於香林國小下方的斜坡上。

❶香林神木是阿里山遊樂區內最粗壯的一棵神木。

碧綠神木

樹高 26公尺
樹徑 3.1公尺
樹齡 1000年以上

▶地理位置

中橫公路沿線128公里路邊，林務局立霧溪事業處64林班地旁。

　　台灣巨木中為數最多、胸圍最大的多是紅檜巨木，而碧綠神木是台灣現今已知最大的香杉巨木，顯得更彌足珍貴。

　　杉木變種頗多，台灣栽培的杉木多由大陸引進，稱為福州杉，是台灣50年代重要的造林樹種之一。

　　香杉又名巒大杉，是杉木在台灣的特有變種。在中橫公路開路時，工程隊特地保留這棵神木，現由太魯閣國家公園管理處管理，在周圍圍上柵欄，並豎立避雷針以防雷擊，不過樹幹周圍以水泥漿配合大理石鋪面，過於人工化而且不透水、不透氣，對神木的成長恐有不利影響，應配合將柵欄擴大，配合透水性佳的植草磚等設施，以適合神木的生長。

⬆ 碧綠神木是台灣最大的香杉巨木，彌足珍貴。

⬆ 碧綠神木是中橫公路的重點景點，遊客來此多會駐足停留。

[台灣山林中的巨木]

107

谷關五葉松巨木

樹高 36公尺
樹圍 7.8公尺

▶地理位置
中橫公路沿線，神木谷
大飯店的庭園中。

　　台灣的松樹中，以二葉松及五
葉松最爲普遍，五葉松3～5針一
束，樹葉較短，頗具觀賞價值，現
在園藝業者大量栽培做爲庭園觀賞
樹。

　　中橫公路谷關神木谷大飯店中
有一棵五葉松巨木，這棵巨木並非
生長在山林之中，而是長在大飯店
的庭園中。

　　筆者與飯店主人羅永養先生一
次扶輪社聚會中偶遇，羅先生在20
年前向林務局購買了五葉松及附近
林地，後來谷關才開發溫泉，成了
觀光景點。羅先生將老五葉松附近
修整得相當整齊，構築日式庭園，
同時刊登報紙，懸賞10萬元給能找
到更大五葉松的人，至今該筆款項
仍無人領取。

　　但是據黃昭國先生調查，向陽
五葉松巨木的胸圍較谷關神木大上
1.3公尺，才是現今發現最大的五
葉松巨木。

　　谷關五葉松周圍以鵝卵石鋪面
及繩索圍繞，保護措施相當完善。
遊客到谷關一遊，不妨來參觀這棵
罕見的五葉松老樹。

❶五葉松附近環境整理得相當清幽，可見園主對神木的愛護。

❶神木谷大飯店的五葉松神木雄姿。

伍.

台灣鄉間老樹

臺　北　縣

大屯自然公園

陽明山國家公園

華五路

陽明山溫泉　陽明山國家公園公園

陽明山

臺

新北投

北投溫泉
北投文物館
北投　地熱谷　礦溪
軍艦岩
天母

關渡
關渡水鳥保護區

石牌

林語堂
紀念圖書館

內雙溪

外雙溪

北

故宮博物院
雙溪公園

中影
文化城

士林
社子
士林夜市

劍潭
圓山

大直

內湖大埤　內湖

市

基隆河

中山高速公路

大同

榮星花園　松山機場

南港

中山

行天宮

雙連

饒河街夜市

松山

縱貫鐵路

淡水河

臺

三重市

華江橋　雁鴨公園

大橋

建國假日花市

國父紀念館

大安

萬華

青年
公園

植物園

師範
大學

大安森林公園

世界貿易中心

北二高速公路

北

板橋市

河濱
公園

中正橋

台灣
大學

四獸山公園

臺

永和市

公館

捷運木柵線

北

中和市

文山

景美溪

市立動物園

縣

青潭橋

指南宮

縣

台北市的老樹

台北市現今人口約263萬（民國92年底），人口密度將近每平方公里一萬人。在如此高密度人口之下，可謂寸土寸金，都市開發程度相當徹底，對老樹的保存也相對更加困難。或許就在補償心理下，台北市對老樹的保護工作反而特別積極；根據台北市通報記錄的老樹多達1,151棵，其中多數爲數十年生，雖然不合乎農林廳所訂定的老樹標準，不過徹底調查的工作值得肯定。

1 台灣大學老樹群……112

2 被關在屋內的老榕樹……114

3 擂鼓以示警、長慶廟後的老榕樹……116

4 台北師範學院內的母女榕……118

5 屢次搬家的大度路茄苳行道樹……120

❶ 台灣大學寬廣的大王椰子行道樹，有另一番心曠神怡的感覺。（1984.09）

台灣大學老樹群

▶ 地理位置

台灣大學校園內。

　　台北市寬廣的綠地不多，位
於南海路的植物園，以及羅斯福
路上的台灣大學是台北市中心最
適合觀賞老樹的地方。

　　台灣大學歷史悠久，校門入
口的椰林大道名聞遐邇，又有杜
鵑花城的美名。在杜鵑花季時
節，滿樹純白、豔紅、粉紅的花

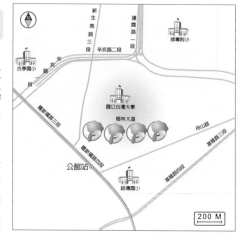

朵，是有名的賞花景點。除了椰林、杜鵑，校園內保存許多稀有種類的老樹，十分值得一探蹤跡。

校門口右側的動物系館有兩棵約80年生的台東蘇鐵老樹，姿態極美。台東蘇鐵後方及校園內有幾棵流疏老樹，流疏原產台灣北部，幾乎已在野外絕跡，只有少數分佈於林口台地相思樹林中；流疏花為白色，開花期滿樹白花，極具觀賞價值。

校園中最為稀有的當屬森林系館前方的烏來杜鵑老樹。烏來杜鵑是台灣特有種，分佈極為狹窄，僅見於北勢溪沿岸，因翡翠水庫興建，其生育地完全淹沒於水中，烏來杜鵑幾乎絕種；後來復

↑ 流疏樹是台灣原生種，開花期猶如覆蓋上蓬蓬白雪。（1982.04）

↑ 這棵保育類的烏來杜鵑是現存最老的一棵。（2001.03）

育單位費盡心血，才找到20餘株進行繁殖復育。台大森林系館前的這棵烏來杜鵑是最大的一棵、樹高約2公尺，分為多枝，生長情形良好，這些母樹得以讓烏來杜鵑的命脈繼續繁衍下去。烏來杜鵑的失而復得給了我們一個深刻的警訊：開發前若不做好詳細的規劃與評估，無數物種可能就會因人類的無知而消失。

↑ 台灣大學又有杜鵑花城的美譽。（2001.03）

〔台灣鄉間老樹〕

● 老樹的生長環境非常狹窄，枝葉稀疏且日照不足。（2002.08）

被關在屋內的老榕樹

樹　高　約15公尺
樹　齡　約150年

▶ 地理位置

台北市中正區汀州路二段217號屋後。

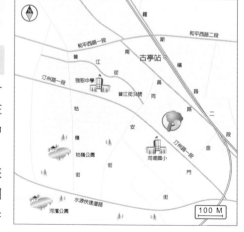

　　與台中市重慶路的老茄苳一樣，這棵老榕樹的樹頭也被關在屋中，它曾因出現在汽車廣告中而名噪一時。

　　這棵老樹的生長環境非常狹隘，樹下完全被水泥包住，周圍又都是樓房，日照不足，處於半

發現台灣老樹

⬆ 老樹樹前房屋還留有火燒的痕跡，有數支樹枝因為火燒而截枝。（2002.08）

遮蔭狀態，因此生長情況不是很好，枝葉稀疏，還好榕樹耐陰，尚能苟延殘喘。附近居民多數已在此居住數十年，非常尊敬老樹，並建「金樹尊神廟」祭祀老樹。

　　老樹屋前曾遭機車縱火，老樹遭受波及，經居民奮力搶救，幸好只有數支枝幹被火燒焦。在周圍環境都無法變動下，這棵老榕樹的前景十分不樂觀。

❶ 相傳百年前的當地先民「武功周」裝設「鼓亭」於此大樹上，警戒原住民的襲擊，為「古亭」地名之由來。（2002.08）

擂鼓以示警、長慶廟後的老榕樹

樹	高	15公尺
樹	徑	1.8公尺
樹	齡	約250年

▶ 地理位置

台北市中正區晉江街34號長慶廟後方。

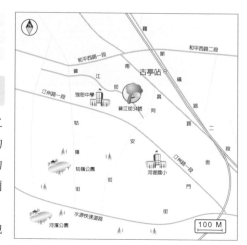

長慶廟建造於本區建莊之時，迄今230年，是當時僅有的一座土地公廟，也是當地最早的廟宇。這座廟發跡之初就是在廟後方的老榕樹下堆砌石塊而成，其中人形石繫以紅帶，表示土地

⬆ 老樹位於長慶廟後方，樹幹分為兩支主幹，是當地最老的一棵老樹。（2002.08）

之神，此石今仍供奉於正殿上。爾後隨墾民之增加而建小廟祀之，迨日治時改建，即今正殿的後幢，並保存當時之土地公和土地婆神像，而正殿上並供奉保儀尊王和保儀大夫；民國71年增建後，右殿奉祀關聖帝君，左殿奉祀天上聖母。

⬆ 老樹年齡已高，基部已經部分腐朽，長出菌類。（2002.08）

據當地人傳說，由於這棵樹的樹幹不長氣生根，所以為雌性榕樹（雄性會長鬍鬚）；實際上榕樹為雌雄同株，這樣的傳說雖與事實不符，卻保有傳說想像的美感。老樹位於廟後方的水泥圈圍中，由基部分為兩支主幹，枝葉不很茂盛，枝條略微細瘦，雖然周圍都是柏油路面及水泥建築，但生長空間還算良好，部分樹幹有腐朽痕跡，並長出真菌。

當地舊稱「古亭」，這是因為一百多年前，此地先民「武功周」裝設「鼓亭」於此大樹之上，警戒原住民的襲擊，擂鼓示警，聚眾以抗之，而有此地名；這個大樹因此成為古亭庄之核心地帶，聚落亦由此地發展開來，現廟前仍有石碑記載此段事蹟。但是榕樹枝條脆弱易折，是否能承載「鼓亭」重量，不無可疑。

⬆ 長慶廟前的石碑敘述著古亭地名的由來。（2002.08）

［台灣鄉間老樹］

117

● 與台北師範學院共同成長的母女榕，右為母榕，左為女榕。（2002.08）

台北師範學院內的母女榕

【母榕樹】

樹	高	13公尺
樹	圍	8.45公尺
樹	齡	約100多年（與學校校齡相當）

【女榕樹】

樹	高	12公尺
樹	圍	4.9公尺
樹	齡	約88年

▶地理位置

愛國西路的台北市立師範學院校門口，
警衛室旁。

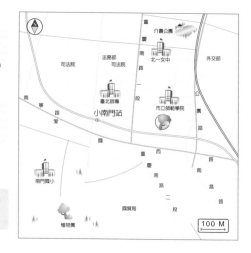

發現台灣老樹

百年學校不少，百年校樹難求。台北市立師範學院已有108年歷史，校園內有三棵與學校共同成長的百年老樹，一棵是菩提樹，另外兩棵則是母女榕。

母女榕是位於校門口警衛室旁的兩棵老榕樹，兩棵樹都生長的相當粗壯，由樹上懸垂許多氣根。由於兩樹比毗鄰而立，神似一對感情深厚的母女，因此有母女榕之稱，是台北市相當具有知名度的校園老樹，樹前還有台北市政府為之立碑紀念。這對老樹不只見證北師的歷史，更具有文化保存的重要意義，因此學校每年五月都會為老樹舉辦慶生活動，並曾在民國89年時延請樹醫生楊甘陵老先生為老樹看診醫療，希望老樹能屹立不倒。

↑母榕粗壯的的樹幹基部長出許多支持根及氣生根。（2002.08）

❶ 20年前愛國西路茄苳老樹的歷史鏡頭。（1981.04）

屢次搬家的大度路茄苳行道樹

▶ 地理位置

北投與關渡間的大度路。

　　台灣的行道樹真命苦！在道
路拓寬、都市更新的壓力下，行
道樹往往還沒茁壯就遭逢砍除的
命運。台北市較具歷史的的行道
樹，以仁愛路、中山北路、中山
南路、愛國西路為代表。原本種
植在愛國西路兩側，卻因捷運板
橋線施工，而被遷移到大度路的

發現台灣老樹

↑ 老樹剛移植到大度路上，樹枝被強剪，部分因不耐移植而枯死。（1985.03）

↑ 經過數年的休養生長，部分老樹已逐漸恢復生機。（2000.08）

↓ 老茄苳行道樹經過2次移植後，基部填土，旁邊的黃金榕也一併移除。（2002.08）

老茄苳行道樹，已算是命運較好的。原先捷運施工單位要將老茄苳砍除，後來經保育人士抗議才將這些老樹移植。

大度路為北投聯絡關渡、淡水的要道，茄苳樹被移植到道路中間的安全島上，移植後存活率約7成；由於大量修剪，樹勢大受影響。經過近10年的休養生息，逐漸開枝展葉，恢復舊觀。但好景不長，現在這些老樹又影響到正在興建的洲美快速道路施工，大度路全長有840公尺屬於高架橋工程，工程的進行會影響安全島上的茄苳老樹，該範圍內又將77株茄苳遷移到大度路中段缺株處植栽，遭遇第二度遷移，期望老樹能夠平安度過移植期，安享天年。

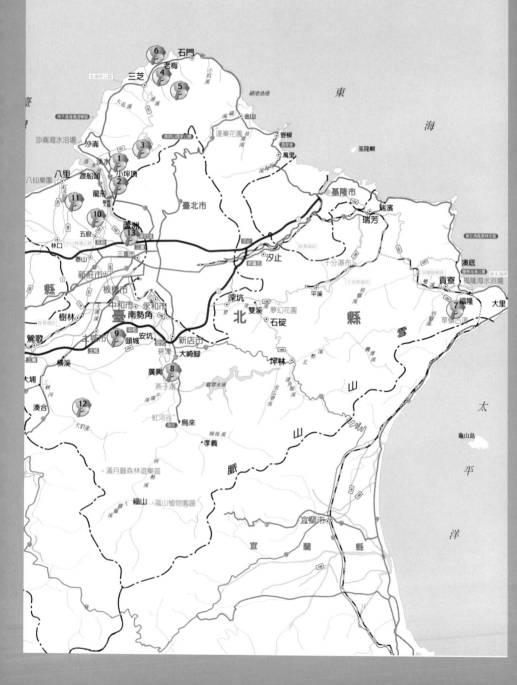

台北縣的老樹

台北縣土地面積2,052平方公里，佔台灣面積的6％，行政區域共計10市4鎮15鄉人口360萬人，是台灣最大縣。縣境內除蘭陽溪支流流經本縣東南外，其餘均屬淡水河流域，有基隆河、新店溪、景美溪、北勢溪、南勢溪、塭子溪、三峽溪、大漢溪等支流，形成河川錯綜複雜的地理環境。

1 歷經滄桑的淡水鎮樹林口楓香、榕樹……124
2 生長受限的老雀榕……128
3 歷經搬遷的北海福座茄苳老樹……130
4 石門鄉老梅村大葉雀榕……132
5 石門鄉山溪村大葉雀榕……134
6 支持根極美的富基村大葉雀榕、榕樹……136
7 野溪中的銀葉樹……138
8 紀錄先民開拓歷史的澀葉榕……140
9 圓通寺後方的大葉雀榕……142
10 五股鄉凌雲路凌雲寺老茄苳……144
11 觀音山上的老楓香……146
12 三峽大板根森林山莊幹花榕及老樹群……148
13 九芎廟的九芎公……152

❶ 廟前的老榕樹是村民納涼聊天的地方,從樹幹上的塑膠密封材料來看,應該是腐朽病蟲害部分被清除的痕跡。 (1998.06)

歷經滄桑的淡水鎮樹林口楓香、榕樹

【榕樹】
樹　高　20公尺
樹　徑　2.5公尺
樹　齡　約150年

【楓香較大的一棵】
樹　高　25公尺
樹　徑　2公尺
樹　齡　約200年

【另外兩棵楓香】
樹　高　20公尺
樹　徑　1及1.3公尺
樹　齡　約150年

▶地理位置
台北縣淡水鎮樹興里樹林口福德宮附近。

台北縣淡水鎮的老樹群中，以樹興里樹林口福德宮老樹群最為珍貴。福德宮左側有3棵楓香老樹，右邊為老榕樹，老樹與福德宮為當地民眾精神寄託的象徵，他們對這幾棵老樹甚為愛護，福德宮樑柱上有幅對聯「福如榕葉密且長，德如楓葉長亦尖」可為證明。

老榕樹在距地2公尺處分為4枝粗大的主幹，在地際的根系糾結成板根狀，由於老樹樹冠寬闊，綠意盎然，成為居民休閒乘涼的場所。

老榕樹與另一棵老楓香的側枝曾為車輛撞斷，當地居民將傷口封住以防病菌感染。

❶秋季楓香時樹葉開始變黃掉落，展現另一種色彩的風華。（2002.10）

❶由於整地等工程，讓兄弟樹靠路邊的這棵大枝幹折斷，遭到撕裂傷害。（1998.06）

〔台灣鄉間老樹〕

左側三棵楓香，較大的一棵緊鄰福德宮，生長高大挺拔，與五股鄉中直路的楓香相媲美。

另外兩棵楓香並立路邊，村民稱為兄弟樹，筆者於10年前來調查時，兩棵樹仍生長的非常茂密，近年來其中靠路邊的一棵由於根部被柏油覆蓋，根部土壤被車輛碾壓，生長狀況不佳，樹幹出現空洞，枝葉也逐漸稀疏，終於在民國90年倒毀，現在只存殘樁，甚為可惜。

🔻 老樹群中的兄弟樹並排生長，為兩棵百年楓香。（1994.08）

🔺 老樹攔腰折斷，境遇淒涼，仍有新芽發出，希望能再度茁壯。（2001.08）

發現台灣老樹

❶ 廟後方的老楓香是老樹群中最為高大的一棵，夏季枝葉茂盛。（2001.08）

⊕ 老雀榕生長的地方被街道、工廠所切割，生長範圍被限制。（2001.08）

生長受限的老雀榕

樹　高　　13公尺
樹　徑　　2.2公尺
樹　齡　　約200年

▶ 地理位置

登輝大道轉往淡水鎮石碑路，北投里北
投子62號前。

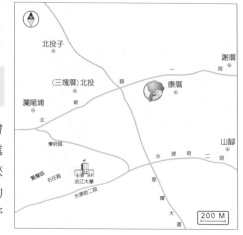

　　隨著都市的發展，人口增
加，淡水市鎮逐漸由河海交會處
向山區延伸。這棵老雀榕侷促狹
窄的生長環境見證了都市發展的
滄海桑田，也成為過往田園綠野

發現台灣老樹

的殘存見證。

　　老雀榕樹勢尚健康，據傳老樹以往曾經衰敗過，後來附近居民用白布、草繩綁紮，給老樹「過運」，後又萌發新芽；現在新枝已將老幹層層包住，樹幹上長有許多氣生根，密密麻麻的將樹幹纏住。

　　老雀榕位於工廠旁邊，緊鄰道路，或許根部受到柏油路面擠壓，向上隆起，因此在樹幹基部生有多數樹瘤。現在樹下尚留有一個水泥廣場，當地的老人家會不時到樹下聊天休息、話話家常。令人擔憂的是，若道路拓寬或工廠更改用途，老樹或許又將面臨移植或被砍伐的命運。

❶ 老樹基部由於水泥、柏油等人工鋪面的擠壓，造成根部向外突出許多樹瘤。（1998.11）

❷ 秋季時雀榕有部分落葉現象，枝葉較為稀疏。（1998.11）

⊙ 老樹位於「北海福座」墓園停車場中央的新家，枝葉尚稱茂盛。（2002.08）

歷經搬遷的北海福座茄苳老樹

樹　高	17公尺	
樹　徑	1.3公尺	
樹　齡	約150年	

▶ 地理位置

三芝鄉北海福座墓園停車場。

　　追蹤這棵老茄苳的搬遷歷史，是筆者參與老樹調查期間非常難得的一次經驗，很值得與大家分享。

　　老茄苳樹的樹圍並不是非常粗大，但在周圍平坦環境烘托之

下，顯得相當高大莊嚴。

當初這棵老樹並不在現址，而是在淡水鎮北新莊楓愛鄰山莊內。楓愛鄰山莊內的居民原本很以老樹為榮，並曾於樹下舉辦音樂欣賞晚會，是當地人文的指標。因此當地主要搬遷老樹建屋時，引起附近居民群起抗議，於樹下放置「砍我則亡：養我者旺」的石板，並設七星符咒以示抗議。後來經過溝通協調，終於在民國84年斷根、截枝後移植新址，算算也將近10年了！

北海福座對老樹的照顧相當周到，為老樹填補蛀洞以防腐朽，並在樹下並立碑敘述這棵老樹的由來。

期望老樹在新家能安享天年，不必再受刀斧之苦，也期望能由這棵老樹的移植過程，帶給大家一些省思。

⬆ 老樹移植前，附近民眾放於老樹前燒香祭拜的「砍我者亡；養我者旺」的石板。（1995.06）

⬆ 老樹樹體雖被移植，但殘留的根系仍不屈不撓的發出新芽，代表著老樹的堅強生命力。（1995.06）

⬆ 由於要賣地建屋，老樹迫不得已搬離了位於楓愛鄰山莊的原生地。（1995.06）

↑ 從大丘田路邊，即可見到這棵「鶴立雞群」的老樹。（2002.08）

石門鄉老梅村大葉雀榕

樹　高　約20公尺
樹　徑　3公尺
樹　齡　約250年

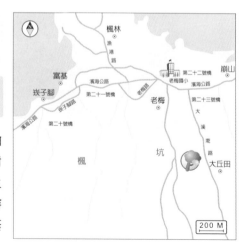

▶ 地理位置

淡金公路從淡水往石門方向走，過老梅
國小後右轉大丘田路，在右側山坡上。

　　台灣北部海岸雨量豐沛，加
上海風風勢強勁，許多海邊的樹
木多低矮或有偏向一邊的旗形生
長特性。這種多雨的環境對榕
樹、大葉雀榕等喜好潮濕又耐蔭

的樹木是絕佳的生長環境，所以北海岸線一帶到宜蘭頭城間有不少相當粗大的大葉雀榕老樹，可以算是當地的原生植物特色。

　　這一株巨大的大葉雀榕，枝葉伸展的極為開闊，樹幹上密生氣生根，入地後形成支持根，從路邊遠望即可看見老樹像一把綠色的大雨傘般，高高聳立在半山腰上。

　　老樹地處荒僻，位於後山，沒有人祭拜，亦無路可達，必須劈荊斬棘才能到達樹下。與對面山頭另外一棵大葉雀榕「千年豬神樹公」互相輝映，或許這種無人干擾的日子對老樹才是最佳的生活環境吧！

⬆ 大葉雀榕生長於密林中，氣生根極美，地處偏僻，無路可達。（2002.08）

〔台灣鄉間老樹〕

❶ 巨大的老樹與祭祀的「千年神樹公廟」。（2002.08）

石門鄉山溪村大葉雀榕

樹　高	約20公尺
樹　徑	3公尺
樹　齡	約250年

▶ 地理位置

石門鄉山溪村聖明宮山坡後方，與老梅村大葉雀榕遙遙相對的斜坡上。

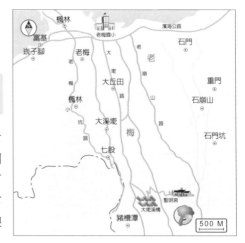

與老梅村大葉雀榕遙遙相對的斜坡上，有一棵樹齡、大小相近似的大葉雀榕；在山腳下即可看見廣大的老樹枝葉覆蓋整個宮殿。由聖明宮後山步道可達這棵

發現台灣老樹

老樹。

　　在樹幹上有一殘枝，與豬的口鼻形貌非常類似，所以被稱為「千年豬神樹公」。廟方為老樹纏上紅布以示尊崇，信眾在老樹旁建廟祭拜，每年並定期為老樹作壽，香火不斷，比起對山老梅村大葉雀榕的無人聞問，境遇大有不同。人類對待老樹的方式何種最為適宜，就有待讀者自行判斷吧。

⬆ 春天時，大葉雀榕發新芽，紅色的托葉包著嫩綠的新葉，分外美麗。（1996.04）

⬆ 樹幹上神似豬形的殘幹，所以有信眾以為這棵老樹是豬八戒的化身。（2002.08）

⬆ 老樹的樹幹極為粗壯，令人讚嘆，信眾在樹幹上纏上紅布以示尊崇。（2002.08）

〔台灣鄉間老樹〕

① 位於富基漁港海產店後方砂丘的榕樹及大葉雀榕老樹群。（2002.08）

支持根極美的富基村大葉雀榕、榕樹

樹　高	約15公尺
樹　徑	約2公尺
樹　齡	約150年

▶ 地理位置

石門鄉富基村楓林路14-1號，海產街後方的殘存沙地上。

　　在北海岸如富貴角等地，由於風積、海積形成多數砂丘，其中一些砂丘地形因為人為開發而被破壞。

　　此地為當年軍營所在地，有

數棵榕樹及大葉雀
榕老樹形成的樹
林。由於砂丘的基
質很不穩定，所以
老樹生長出許多極
美的氣生根，由樹
幹周圍垂入土中，
以幫助支撐。

　　由這些僅存的
原生林相，可以想
見當年台灣開發前
的植物景觀，對於
植物地理學有很重要的價值。

⊕由於沙土極易流失，所以老樹的根系都暴露於外。（2002.08）

⊕ 老樹群其中一棵大葉雀榕，樹幹相當粗壯。（2002.08）

〔台灣鄉間老樹〕

⊕ 位於野溪邊的銀葉樹可能曾經傾倒過，重新向上生長，形成今日這幅模樣。（2002.08）

野溪中的銀葉樹

樹　高　10公尺
樹　徑　1公尺
樹　齡　約100年

▶ 地理位置

貢寮鄉福隆村福隆車站後方，龜壽谷街
（田寮洋段）鉅鹿堂後方野溪邊。

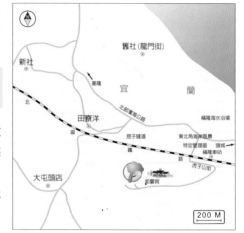

　　銀葉樹因葉背銀白色的特徵
而得名，是台灣有名的原生的海
岸樹種，以板根壯麗而出名。
　　說起銀葉樹自然是墾丁森林
遊樂區內的銀葉板根最爲有名，

然而在台灣東北角海岸也有一些較不出名，但也頗具年歲的銀葉老樹。這一區中最老的一棵，由於板根基部被溪水沖刷，所以板根完全暴露出來，日久恐怕有傾倒的危險。野溪溪水清澈，非常具有自然風味，值得一遊。

由福隆車站往貢寮方向前行至石碇溪畔，有一片東北角海岸碩果僅存的原生海岸林，其

❶ 在附近濱海公路石碇溪旁的原生海岸林，由觀光局東北角風景特定區劃為生態保護區，現在很可能因為核四廠的排水道工程而遭到破壞。（2002.08）

中除了銀葉樹、海檬果等海岸樹種外，還有稀有的穗花棋盤腳，很值得順便探訪。但是因為核能四廠開工，排水道工程極可能破壞該片原生林，若想一探此處的原生林之美，或許要即早規劃尋訪行程，以免日後向隅。

❶ 富有野趣的小溪位於民宅後方，附近有數棵銀葉老樹，代表著當地原生海岸林的歷史。（2002.08）

老樹與樹公廟全景。（1995.06）

紀錄先民開拓歷史的澀葉榕

樹　高　20公尺
樹　徑　2公尺
樹　齡　約250年

▶ 地理位置

新店往烏來方向，新店市平廣路50號。

許多熱帶、亞熱帶的樹木具有板根現象，像是喜歡生長在潮濕低海拔森林的桑科榕的九丁榕，常在樹基形成板根。

這棵九丁榕（又名大葉九重吹）樹幹十分挺直，基部延伸的

發現台灣老樹

的板根十分壯觀；由於烏來山區多雨，這棵老樹地處潮濕，因此樹幹上長滿青苔。

根據記載，早年漢人移民與原住民於該地爭地盤，互有殺伐，原住民將殺死的漢人棄置於樹下。後來漢人將骨骸移入骨灰罈建小廟供奉，後又將骨灰移出，另蓋樹公廟祭祀老樹以保佑鄉里，廟前並有前總統李登輝題字。

❶ 由前總統李登輝提字祭祀老樹的樹公廟。（2001.08）

❶ 九丁榕粗大蔓延的板根。（2002.08）

141

● 大葉雀榕全景與樹前廣場。（2001.08）

圓通寺後方的大葉雀榕

樹　高	約15公尺
樹　徑	3.2公尺
樹　齡	約300年

▶ 地理位置

圓通寺後山約20分鐘路程，從慈雲寺邊步道往牛埔連峰路上。

200 M

　　圓通寺是中和最有名的寺廟，約有80年的歷史，香火鼎盛。在圓通寺附近有好幾棵老樹，寺前廣場上有一棵百年老榕樹，後方則有一棵老樟樹；但最

大的一棵當屬在圓通寺
後山約20分鐘路程，從
慈雲寺邊步道往牛埔連
峰路上的大葉雀榕。原
先這是煤礦工人上工的
道路，有人在老樹下設
置土地公廟以保佑礦
工。後來煤礦廢棄，經
過縣政府、登山客的整
理變得相當整潔，並在
土地公廟前搭起棚子供
登山客休憩。

⬆ 老樹粗大的根系。（2001.08）

　　這棵大葉雀榕老樹的樹冠非常寬闊，是早晨老人會的活動場。在樹幹
上有許多懸垂的氣生根入土形成支柱根，另外有心人也在枝幹上用水管導
引支持根以幫助老樹支撐。炎夏午後，樹下涼風習習，令人神清氣爽，是
一處相當完美的避暑之地。

⬆ 民眾用水管牽引支柱根，並設圍籬保護老樹。（2001.08）

台北縣

【台灣鄉間老樹】

143

❶ 老茄苳極為壯碩的樹幹。（1997.06）

五股鄉凌雲路凌雲寺老茄苳

樹　高	15公尺
樹　徑	2.1公尺
樹　齡	約300年

▶ 地理位置

登觀音山步道起點的凌雲禪寺附近。

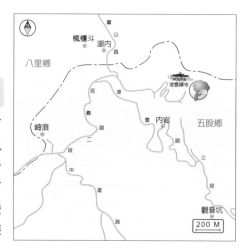

　　五股鄉觀音山上有許多具有古老歷史的寺院，寺院裡自然也保留許多老樹。其中位於登觀音山步道起點的凌雲禪寺，有三百多年的歷史，山水匯集，令人發思古之幽情。禪寺附近保留了2棵

老茄苳及1棵紅楠老樹，後方步道區也保留了一片老榕樹。

　　這些老樹中最老的一棵茄苳樹緊鄰民宅，由欄杆圍起保護，樹下有一座於日治時代建造，充滿古意的土地公廟，由當地民眾供奉祭祀，後來土地公被請到新廟中。老樹樹幹非常粗大，分為兩支主幹，在基部有一樹洞，附近居民常在樹洞燒香祭拜。由於旁邊都被水泥封圍，根系生長受到阻礙，所以枝葉伸展的並不開闊。附近有許多遊山的步道，假日遊客絡繹不絕。

↑附近民眾在老樹樹洞中插設香爐祭拜。（2000.08）

↓老茄苳與古廟都用圍籬保護起來。（2000.08）

〔台灣鄉間老樹〕

● 夏季時楓香枝葉繁茂的全景。（2000.08）

觀音山上的老楓香

樹 高	32公尺
樹 徑	1.6公尺
樹 齡	約200年

▶ 地理位置

由五股鄉往觀音山方向，中直路40號的路邊。

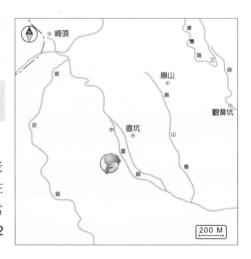

這棵楓香生長得高大俊秀，當初在此屯墾的居民認為這棵老楓香具有靈性而加以祭拜，並在樹下以石塊設立土地公廟，為當地信仰中心；每年農曆8月12

發現台灣老樹

日，當地民眾會為土地公做壽，也順便祭拜老樹。

　　老樹的生長狀況相當良好，但緊鄰工廠，生長空間受到擠壓；旁邊一所雕塑工作室也常將雕塑半成品放置樹下，雖然很作品饒富趣味，但卻妨礙了老樹自然生長的空間，讓老樹顯得十分侷促。

↑秋季時，楓香樹的葉子逐漸枯黃掉落。
（1996.11）

↓老楓香生長的極為高大挺拔。（2000.08）

【台灣鄉間老樹】

❶ 大板根山莊的地標，巨大的幹花榕與蔓延伸展的板根。（1996.05）

三峽大板根森林山莊幹花榕及老樹群

【幹花榕】

樹　高　　約25公尺

樹　徑　　約1.5公尺

樹　齡　　約200年

▶ 地理位置

台北縣三峽鎮插角里，瀕臨大豹溪畔的大板根森林。

大板根森林山莊在日治時期是日本賓館，日本皇太子曾經住過，因此管理良好，後山保持著非常自然而原始的風貌。雖然所

發現台灣老樹

有權歷經更迭，至今仍保留一片北縣碩果僅
存的低海拔原始森林，園主雖然經營非常辛
苦，但能力排眾議，保持自然風貌為特色，
值得稱讚。

　　大板根山莊內有許多珍稀老樹，入口處
即有四棵枝椏茂密、古意盎然的茄苳佇立眼
前；其上密佈伏石蕨、台灣山蘇花等著生植
物，更顯其生氣勃發。賓館周圍幾棵日治時
代種植的百年竹柏與紅淡比、淋漓，都是極
為罕見的國寶級百年老樹。淋漓樹名的由來
是由於砍伐時會流出大量汁液，如人大汗淋
漓而得名，在苗栗公館鄉有一處地名叫「淋漓
樹下」，也許與這種樹木有關。

⬆ 紅淡比屬於山茶科，偶爾可見到開出
的淡黃色的花朵。（1999.07）

　　在後山三環步道旁有兩棵粗大的幹花榕，為現今台灣發現最大的兩
棵，由於粗大的塊狀板根向外伸延十餘公尺，氣勢磅礴，成為山莊的地標
與鎮園之寶。

⬆ 板根足足有一人高度。　（1996.05）

⬆ 位於賓館旁邊，屬於殼斗科的淋漓老樹，樹名由來是由於
砍伐時會流出大量汁液而得名。（2002.06）

雨林中的土壤非常貧瘠、淺薄，因此當植株過大時，必須發展特殊的機制支持其龐大的身軀，板根現象於焉而生。為了吸收到更多的營養及加強支持的力量，這些暴露於土壤之上的根系，往往向四面八方伸展成宛若銅牆鐵壁的屏障，迥異於一般的樹木形象。遊客到三峽遊玩，除了觀賞祖師廟宇、老街人文之美外，也別錯過參觀這幾棵老樹的自然之美。

❶ 淋漓側向生長於邊坡上，是台灣現在發現的唯一一棵淋漓老樹。（2002.08）

❶ 大板根森林中，極為罕見的原生粗大魚藤。（1999.07）

❶ 幹花榕由於樹幹上結出大量的隱花果而得名。（1997.08）

❶ 入口的茄苳老樹。（1999.07）

❶日本人種植的紅淡比老樹。（1999.07）

九芎廟的九芎公

樹　高　　2.5公尺
樹　齡　　約300年

▶地理位置
蘆洲鄉九芎里九芎街九芎廟旁。

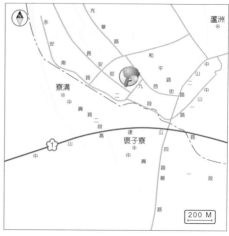

　　在台灣許多鄉鎮街道是以當
地老樹命名，如彰化市茄苳路、
台中縣大里市樹王里、新竹市茄
苳里、雲林縣古坑鄉樟湖村、雲
林縣古坑鄉苦苳腳等，例子甚
多。

　　這棵九芎老樹除了街里以老
樹命名外，更是備受當地民眾敬愛，為老樹建廟成為信仰中心。相傳明朝
永曆年間，延平郡王鄭成功趕走荷蘭人後，率領軍隊經過現今蘆洲鄉西
邊，在此埋藏大量軍火，並植下這棵九芎以標記，其後鄉民就將老樹當成
膜拜對象。老樹為二代木，原先的主幹已經腐朽死亡，重新從基部萌發新
芽，所以不顯高大，與九芎廟矗立在道路中央，別具特色。當地居民有一
項特別的習俗，當祈求老樹保佑時，要在樹上掛上一件衣物；由老樹上掛
滿的紅色、白色布條，可以看出老樹在當地民眾心中的地位。

❶九芎廟位於九芎街正中央，供奉九芎老樹。（1995.06）

⬆ 掛於九芎樹上的紅、白布條蔚為奇景。（1995.06）

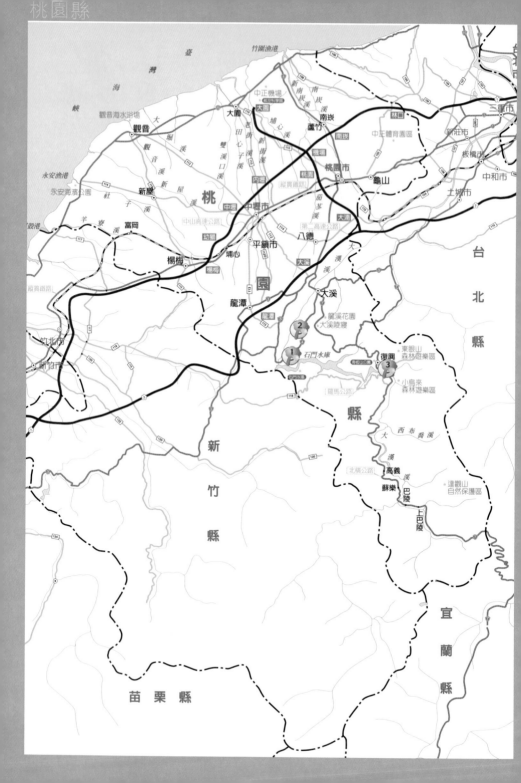

桃園縣的老樹

桃園縣境內共有13個鄉鎮市，除復興鄉及龍潭、大溪部分山區為古石門溪（今大漢溪）中上游外，其餘個鄉鎮皆古石門溪下由流域的沖積扇，境內多塘埤之美。根據《桃園縣珍貴老樹》一書記載本縣共計有50棵百年以上老樹，其中以榕樹最多，以復興鄉澤仁村北橫公路旁的老茄苳的250歲為最老。

1 飽受風災之苦的老茄苳……156
2 樹大好乘涼的大榕樹……158
3 見證泰雅族抗暴歷史的茄苳樹……160

❶西元1998年拍攝的老茄苳，可以看出以前曾經遭受風害，樹幹中央已經有部分腐朽，重新長出的枝條上佈滿附生植物，生機盎然。（1998.07）

飽受風災之苦的老茄苳

樹　高　原先15公尺

樹　徑　2.4公尺

樹　齡　約250年

▶ 地理位置

龍潭鄉大平村二坪11號的私人土地上，由台三乙線經中山科學院往石門水庫的路邊。

　　老樹枝幹上附生許多瓜子草及稀有的牡丹金釵蘭（又名鐵釘蘭），從枝幹上垂下甚為美麗。老茄苳四周為農田，背景可以眺望石門大壩，宏偉的樹幹配上視

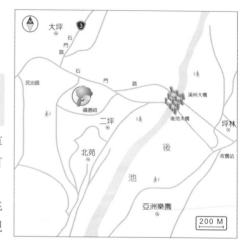

野開闊的稻田，景色十分宜人。

當地居民視老茄苳為伯公樹，在樹頭蓋有土地公廟，並將老樹圈圍保護，所以雖然被柏油路面包圍，但生長情況仍然良好。多年前老樹遭受風害而折斷，不久由樹幹重新萌發新的枝條；但是在民國89年6月又遭遇暴風雨再度折斷，倒下的枝幹並將土地公廟壓垮。後來，幸好地主出錢將老樹殘存部分扶正，並在前方重建福德祠。現在老樹中心部分已有腐朽現象，但樹頭部份重新萌發新枝，希望數十年後又能再度茁壯。

↑ 原先附生於老樹上的瓜子草（具有肉質、圓形葉），以及稀有的鐵釘蘭（呈細長圓筒狀）。（1998.07）

↑ 西元2002年所拍攝的老樹，頂端的枝條已經折斷，只剩樹頭部分重新萌發多枝新枝，當地居民還為老樹填土圈圍保護。（2002.07）

↑這棵大榕樹位於石門水庫管理局前面，遠望像是一把巨型的大傘。（1996.05）

樹大好乘涼的大榕樹

樹　　高	12公尺
枝幹延伸範圍	寬達200平方公尺
樹　　齡	約120年

▶ 地理位置

龍潭鄉石門水庫管理局前。

　　樹木要生長良好，給牠自然伸展的空間是不可缺乏的要件。這棵老榕樹枝幹延伸的範圍寬達200平方公尺，十分廣闊，遠望過去令人心曠神怡，夏天在樹下十分清涼；尤其是老樹縱橫交錯

發現台灣老樹

的根系，露出土面蔓延十餘公尺，十分壯觀。

老樹早在日治時代就已生長在這裡，樹前原有小土地公祠，經擴建為「集福宮」，香火鼎盛。石門水庫管理局前為一大片草地，假日經常辦理園遊會等活動，炎炎夏日，許多遊客便在樹下乘涼、聊天。老樹就像一把綠色的大洋傘，守護著一方信眾，為人遮蔭、納涼。

⤴榕樹的樹頭粗壯健康，石管局豎立鐵欄杆加以保護。（1995.07）

⤴老樹的樹根隆起，匍匐在地面十餘公尺，甚為壯觀。（1995.07）

⤴在老榕樹前方，由土地公祠擴建的集福宮。（1995.07）

⬆ 老茄苳分為數支粗大的枝幹，據聞日治時代曾在此地處決抗日的原住民同胞。（1998.05）

見證泰雅族抗暴歷史的茄苳樹

樹　高	22公尺
樹　徑	1.8公尺
樹　齡	約250年

▶ 地理位置

復興鄉澤仁村水源地，北橫公路旁。

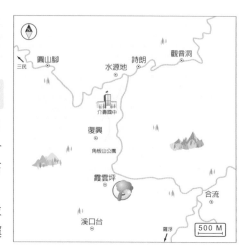

　　老樹緊鄰溪水堤岸，由地面1
公尺處分為3支大主幹，生長的十
分茂盛，樹幹上附生許多伏石
蕨，由於北橫公路拓寬的關係，
縣政府將老樹圍圍保護起來，並
設置解說告示牌。以前桃園客運

還在老樹下設立「茄苳樹下」的站牌，可見老樹在當地民眾間的地位，後來因為公路邊的山壁容易崩塌而將站牌它遷。

　　復興鄉角板山一帶原是泰雅族原住民聚居的地方，早期民風強悍，在日治時代常有族人反抗日本人高壓統治。據當地耆老口耳相傳，日本人為了殺雞儆猴，常將反抗者捉到這棵老茄苳下處死曝屍示眾，因此這棵老樹有「吊人樹」的可怕稱呼。站在老樹下，緬懷過去，當年肅殺悲愴的氣氛已遠，只剩清澈的溪水及自然的風景，期望人間的殺戮永不再現！

◑ 這株老茄苳生長於北橫公路邊，樹幹粗壯，但因緊鄰公路，生長受限。（2001.08）

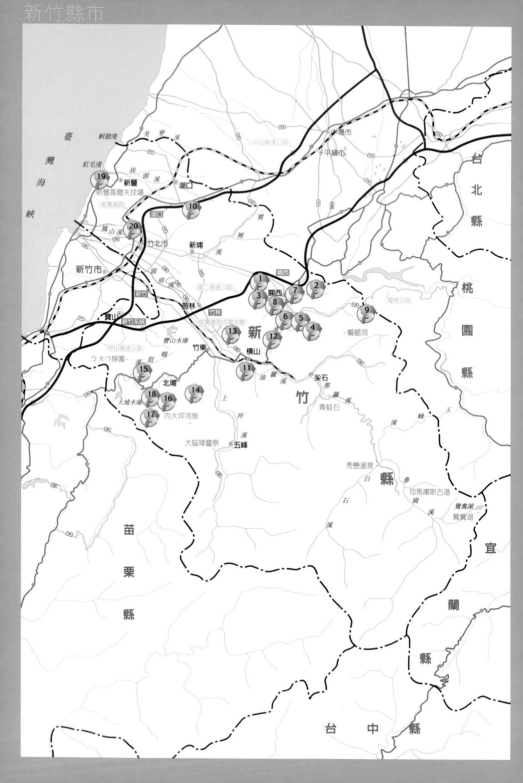

新竹縣市的老樹

新竹素以多風聞名，不知是否因爲「樹大招風」。根據民國79年台灣省政府核頒「加強珍貴老樹與行道樹保護計畫」中，新竹縣共計50株老樹符合珍貴老樹標準。老樹中以樟樹佔20株爲最多，新豐鄉鳳坑村坑子口段的106株百年朴樹是海岸地區少見的老樹群，台一線竹北大眉段楓香行道樹是台灣唯一被保護的楓香行道樹，錦仙世界內台灣最大的楊梅老樹特別珍貴，四寮神木則是未列入保護計畫而由民眾自發而保護的。筆者特別挑出20處平地老樹供讀者分享。

1　茅子埔楓香老樹群……164
2　由環保人士拯救的四寮神木……166
3　民宅內的老樟樹……168
4　伯公小廟與老楓香……170
5　山明水秀中的老樟樹……172
6　蛙子窟青剛櫟……174
7　生命力強盛的大樟樹……176
8　有喜鵲築巢的茄苳老樹……178
9　台灣最大的楊梅老樹……180
10　幅圍寬廣的大榕樹……182
11　橫山國小旁的大樟樹……184
12　橫山鄉百年荔枝王……186
13　鹿寮坑老茄苳……188
14　二寮樟樹神木……190
15　大埔水庫邊的大樟樹……192
16　劫後餘生的老茄苳……194
17　附滿蘭花的老樟樹……196
18　七星村七星樹……198
19　海岸林的遺跡──新豐鄉朴樹群……200
20　楓香綠色隧道……202

① 冬季黃葉落盡，老樹的枝枒伸展向天際，形成一幅抽象畫。（2003.02）

茅子埔楓香老樹群

樹　高　　24公尺

樹　徑　　各為1.6公尺、1.25公尺、1.1公尺

樹　齡　　約200年以上

▶ 地理位置

關西鎮大同里8鄰55號，靠近北二高關西
橋「山山有機農場」內。

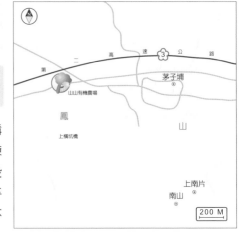

楓香是落葉大喬木，俗稱
「楓仔」，樹脂含有芳香，可提煉
楓仔油供藥用。木材供建築，段
木為種植香菇最好的材料。因平
地大量砍伐，所以楓香老樹已不

發現台灣老樹

多見。

　　台灣平地楓香老樹群不多，除了南投縣埔里鎮蜈松里楓香老樹群外，另一處就是這三棵並生的老楓香。該地因遍生芒草而稱茅子埔，老樹所在地為劉姓私人土地，現出租作園藝用地，種植網室草莓等精緻作物供民眾採果。

⬆ 秋季黃昏時滿樹紅葉，分外美麗。（1993.10）

　　這三棵楓香老樹生長的高大挺拔，附近野鳥群棲樹上，是平地罕見的楓香老樹群。當初被尊為伯公樹而被保留下來，以前在樹頭有村民燒香祭拜，現在則無人管理，附近荒草叢生；近來又有中藥業者砍楓香樹皮製藥，三棵老樹慘遭剝皮，對老樹生存造成極大危害，此種卑劣行為實應嚴加懲罰。

⬆ 從樹底仰望老樹挺拔的主幹，份外高聳。（2003.02）

⬆ 樹幹基部被人剝皮取汁液製作中藥的傷痕，看了實在令人嘆息。（2003.02）

● 四寮神木位於四寮溪畔，原先樹頭完全被包埋在水泥堤岸内。 （2003.02）

由環保人士拯救的四寮神木

樹　高　　18公尺

樹　徑　　2公尺

樹　齡　　約300年

▶ 地理位置

關西鎮東山里大人國第一停車場，四寮溪畔。

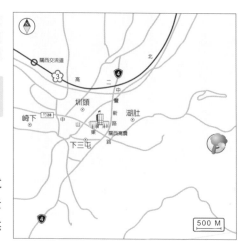

　　四寮神木，樹種為茄苳樹，樹幹中央已經腐朽空心。

　　老茄苳在當地村落形成時就已經存在，過去一直是當地老人、小孩乘涼休憩的好地方。然

而幾年前工程單位建築堤防，將老茄苳的樹根完全包埋在2公尺厚的水泥堤防下，從此老茄苳生長的樹葉越來越小，樹幹開始腐朽；再加上樹瘤被割去，樹幹上被釘鐵釘等迫害，使老樹的生機逐漸衰弱。

地方熱心環保人士陳情，要求鎮長及鎮代會主席拯救老樹，於2002年10月11日將老茄苳基部的水泥挖開，並在周圍鋪上石板步道，栽種觀賞植物。希望除了拯救老樹之外，將來還希望將老樹列為觀光景點，開啓老樹另一頁的生機。

❶ 老樹樹頭的樹瘤已被盜伐，由於長期被包埋，樹幹已經中空腐朽。（2003.02）

❶ 經環保人士陳情將堤防挖開，老樹才得以恢復生機。（2003.02）

【台灣鄉間老樹】

❶ 筆者初次調查時，老樹的部分頂端大枝被修剪，枝葉顯得十分稀疏。（1993.10）

民宅內的老樟樹

樹　高　20公尺
樹　徑　約1.5公尺
樹　齡　約300年

▶ 地理位置

關西鎮東平里13鄰37號（地名大東坑）
教善堂後院，朱姓民宅內。

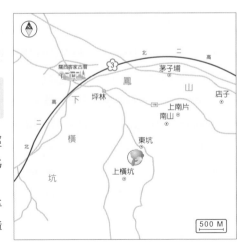

　　這棵大樟樹與吳姓族人已經
共同生活200年。這地方早年爲
漢人與平埔族居住的交界區域，
該朱姓先祖於18世紀末從新竹平
埔族手中買下這塊地時，這棵樟

發現台灣老樹

168

樹就已經存在，族
人就在樹下建屋居
住。

　　由於附近房舍
壓迫及修剪枝條，
筆者初次探訪時，
樹冠相當稀疏，許
多大枝已經斷落，
主幹已經中空。經
過數年休養生息，
現在頂端枝枒又見
綠意。

❶ 老樹位於教善堂後院，環境十分清幽。（2003.01）

　　老樹見過朱姓歷代子孫在樹下玩耍，與朱家人建立了密不可分的關係。在老樹周圍可見到早期種植的龍眼老樹及土确厝遺跡，可見歷史之久遠，令人發思古之幽情。

❶ 老樹有數支主幹枯死砍除，樹冠顯得十分狹小。
（2003.01）

❶ 十年後頂端枝條伸長不少，樹勢有逐漸恢復的跡象。
（2003.01）

新竹縣市

【台灣鄉間老樹】

伯公小廟與老楓香

樹　高　21公尺
樹　徑　1.4公尺
樹　齡　約200年

▶ 地理位置
關西鎮南新里17鄰八份寮(地名城中)，由農業委員會關西工作站對面進入，在人跡罕至的產業道路約1.2公里的路邊。

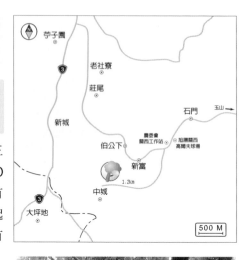

這棵楓香樹從主幹分為三支。樹下有一石材打造，高約80公分的伯公祠。山區陰濕，少有人煙，伯公祠上生滿青苔，比起其他大廟顯得分外幽深，偶爾有人會前來祭拜。

昔日當地為漢人與原住民互相征戰的古戰場，清朝時於老楓香處設置隘勇寮以防原住民出草，老楓香見證了當年戰事的慘烈。

民國70年代大家樂風行的時期，許多樂迷都前來求明牌，香火不斷，隨著大家樂逐漸退燒，老樹也恢復往日的平靜。

❶ 老樹所在是古代戰場，位置十分偏僻，樹下小土地公廟有居民按時上香祭拜。（2003.02）

⬆ 老楓香由基部分為三支主幹。（2003.02）

● 老樹位於余姓聚落後方，為當地最明顯的地標。（2003.02）

山明水秀中的老樟樹

樹　高　　22公尺

樹　徑　　1.5公尺，從地基分為兩支主幹

樹　齡　　約300年

▶ 地理位置

關西鎮新富里6鄰42-1號「新安堂」，余姓祖宅旁。

　　老樟樹長於池塘旁邊的斜坡上，周圍為農田，水分、日光充足，枝條能夠自由向四周伸展，下垂到池面，長得相當青翠茂盛，半圓形的樹冠倒映在水中，

發現台灣老樹

分外美麗。

　　19世紀末期的日治時代，台灣樟腦大量砍伐出口，由於品質良莠不齊，所以當時總督府命令選取種樟繁殖優良品系，這棵樟樹被選為種樟因而保留下來。

　　余家代有賢人出，近世如余玉賢、余玉堂都曾任政府要員。可說是山明水秀、地靈人傑。

❶ 老樟樹分為兩支粗幹，樹冠自然伸展，樹姿十分美麗。（2003.02）

❶ 老樟樹位於水池邊，周圍開闊，瓜棚與水中倒影十分亮麗。（1993.10）

❶ 部分枝條下垂到池面，形成如垂柳般的畫面。（2003.02）

↑ 青剛櫟老樹位於台三線路旁，山坡土地公廟後方。（2003.01）

蛙子窟青剛櫟

樹 高	9公尺
樹 徑	1公尺
樹 齡	約150年

▶ 地理位置

關西鎮南新里14鄰61號(地名蛙子窟，原來早年這裡是一片大水池，蛙鳴不絕於耳而有此名，現水池已經消失)，土地廟後。

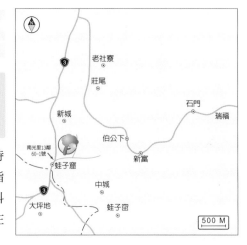

青剛櫟屬於殼斗科，《詩經‧秦風》中「山有苞櫟」，指的就是這類殼斗科植物；殼斗科是由於總苞在果實成熟時，會在

發現台灣老樹

基部形成杯狀而得名。

　　青剛櫟在台灣主要分佈於低海拔山麓至2,000公尺的高山，由於木材堅韌，適合作為農具及建築使用，因此低海拔地區的青剛櫟大樹多已被砍伐，留存不多。青剛櫟樹形及葉形都很優美，現在已經受園藝業者青睞，大量做為庭園景觀之用。

　　這株青剛櫟為三代木，第一代已經腐朽，第二代也已經腐朽中空，上面還有五色鳥築巢的樹洞，另外從基部又長出第三代木。

🔻 青剛櫟原來的樹幹已經腐朽，現在長出的是第三代木。（2003.01）

● 大樟樹位於土地公廟後方，周圍都被民宅包圍。（2003.01）

生命力強盛的大樟樹

樹　高　　20公尺
樹　徑　　1.2公尺
樹　齡　　約200年

▶ 地理位置

關西鎮南雄里六鄰石店仔，土地公廟後方。

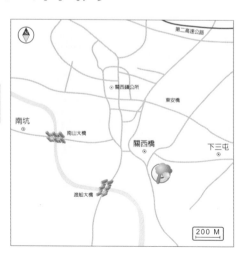

200 M

　　地名石店仔是因當初當地開設打石店而得名，早年有人認為這棵樹大且有靈而加以祭拜，後在樹前設立土地公廟拜土地公，就不拜了老樹。

在19世紀末，台灣砍伐樟樹的高峰期，老樹由於樹前土地公廟庇佑而沒被砍伐。

近年由於城鄉發展，老樹周圍都被建築物水泥圈圍所包覆，生長受到極大的限制。老樹雖不是非常粗大，但處於惡劣的生長環境卻仍生長茂盛，枝葉茂密，強韌的根系還把水泥崩裂，令人不得不佩服老樹旺盛的生命力。

↑ 大樟樹的樹幹仍逐漸增粗，將水泥圈圍撐裂。（1993.10）

↓ 大樟樹基部完全被水泥圈圍，妨礙根系呼吸。（2003.01）

【台灣鄉間老樹】

❶ 老樹寬廣的樹冠是河岸邊最高大的樹木。（2003.01）

有喜鵲築巢的茄苳老樹

樹	高	18公尺
樹	徑	2.2公尺
樹	齡	約250年

▶ 地理位置

關西鎮南山里南山大橋頭。

台灣本無喜鵲，於百年前由大陸引進數對放生，現在族群已遍佈平原農耕地。喜鵲屬於鴉科，俗稱客鳥，全身黑白兩色，自古以來都被認為是吉祥的象徵。喜鵲築巢常選擇高樹，一巢

使用多年，以枯枝構成圓球狀，村里都以喜鵲來築巢做為喜氣的象徵。在這棵高大粗壯的茄苳老樹上就有喜鵲來築巢。

茄苳樹是雌性，生長的相當健康，里民將老樹圈圍保護，樹旁建祠供奉福德正神，樹下是南山里老人俱樂部，平日老人多聚於。老樹高大的樹蔭正提供了老人們樹下聊天、休息的最佳場所。

● 樹冠上可見到喜鵲築的圓形巢。（1993.10）

● 老樹位於南山大橋頭，以前有鐵欄保護，現在已經拆除。（2003.01）

台灣最大的楊梅老樹

樹　高　　20公尺
樹　徑　　一棵1.4公尺，另一棵1.7公尺
樹　齡　　約200年以上

▶ 地理位置
距離楊梅不遠的關西鎮鳥嘴山，錦仙樂園內。

楊梅俗稱樹梅，果實球形，成熟時為紅色，味道酸甜，可供生食或做蜜餞，是台灣原生果樹，桃園縣楊梅鎮是否也與古早時期遍佈楊梅樹有關，筆者不敢確定。

　　這兩棵台灣原生種的楊梅樹，是現今台灣原生楊梅中最大的一棵。老樹樹幹糾結，其中一棵樹幹已經中空，在莖幹表面上長出許多樹瘤。老樹由於傾斜生長，根系密生以固著，密佈地表，廣達10餘公尺。園主對於老樹甚為愛護，不准遊客祭拜，以免發生火災。

　　錦仙樂園為一處私人經營的森林遊樂區，規劃有露營、烤肉及森林步道區。最近由於颱風造成通往錦仙樂園的道路中斷，必須依靠步行通過崩塌路段，遊客要看這兩棵老樹要多注意自身安全。

⊕ 老樹位於步道邊，根系伸展十分寬廣。（1993.10）

❶楊梅老樹由樹幹上生出許多糾結的根系。（1993.10）

● 老樹原先渺無人煙，枝幹入土後重發成新枝，附近環境十分清幽。（1994.06）

幅圍寬廣的大榕樹

樹 高	20公尺
樹 徑	3.4公尺
樹 齡	約200年

▶ 地理位置

湖口鄉湖南村2鄰13號附近。

　　湖口鄉湖南村古名糞箕窩，是因地形三面高凸中央凹陷，類似糞箕而得名。老樹位於村子軍事用地上，四周寬廣，整體造型甚美。在樹頭有香爐及伯公小祠，偶爾有附近居民前來祭拜。

以往老樹周圍十分清幽，少有人煙，現在湖口鄉發展觀光休閒農業，老樹就成了觀光的景點。旁邊觀光果園還附設卡拉OK，假日笙歌四起，熱鬧非常。

這棵老樹號稱三代同堂，枝條向四周伸延甚廣，第一代樹幹已經腐朽，二代木由基幹萌發，二代木分散枝條向四周伸展，入土後又重新發根長出第三代木。整個樹冠分佈的範圍廣達1,100平方公尺，在寬廣的樹冠下鄉民擺置五座桌椅供休憩，年節時會辦牲禮祭祀樹下的小土地公祠。

❶ 榕樹粗大的主幹向四周伸展，根系浮現地表。（2003.02）

❶ 樹頭附近用三片石片搭建的土地公廟，現已加蓋鐵皮屋頂。（1994.06）

❶ 近年來附近發展觀光農業，老樹成了觀光景點。（2003.02）

❶ 老樹的樹幹極為粗大，周圍以卵石鋪面，以幫助根部呼吸。（2003.02）

橫山國小旁的大樟樹

樹　高　　20公尺

樹　徑　　2.1公尺

樹　齡　　約400年

▶ 地理位置

橫山鄉橫山村橫山國小旁的伯公廟旁。

　　老樹生長於斜坡上，生長的
有點歪斜，由主幹分出兩粗大的
主枝向國小方向傾斜生長。原先
老樹枝條多處折斷，根系一部份
被砍，已呈衰弱狀態。

　　村民相傳日治時代砍伐樟腦

發現台灣老樹

盛行，當時想要砍伐這棵老樹的腦丁都會腹痛難耐而放棄，老樟樹因而保存至今。老樹前的伯公廟是橫山鄉最早的廟宇，年代久遠。

　　老樹位於公有地上，縣政府於民國83年4月為老樹設立坡坎護欄並設灑水設施，在樹基鋪設碎石讓老樹根系呼吸順暢，另外還設立了避雷針。經過多年保護，老樹已逐漸恢復生機，重新在新樹梢上長出新葉。

◑ 當年橫山村民在這棵老樹下設置當地第一座伯公廟，老樹成為伯公樹。（2003.02）

〔台灣鄉間老樹〕

① 從後方山坡眺望老荔枝樹高大的樹冠。（2002.11）

橫山鄉百年荔枝王

樹　高　18公尺
樹　徑　1.15公尺
樹　齡　約200年

▶ 地理位置

橫山鄉沙坑村18鄰74號，龍姓人家宅院中。

　　荔枝原產於中國大陸，台灣則由移民帶入種植。說到荔枝老樹稱王，最有名的當是馳名中外的廣東荔枝珍稀品種「西園掛綠荔枝」。掛綠荔枝早就被列為貢品。

清道光年間，百姓不堪官吏迫害而砍掉大部分掛綠果樹，倖存一棵在增城西郊西園寺，是中國大陸僅存的一棵眞正掛綠荔枝，已有四百多年歷史，據說慈禧太后、先總統蔣公都嘗過它的好滋味。在2000年7月，廣東省增城旅遊局公開拍賣10顆，最貴的一顆更寫下5萬5,000元人民幣（約新台幣22萬9,300元）天價，可列入金氏世界紀錄。

台灣現存有彰化縣二水、南投市八卦路、南投竹山等數棵荔枝老樹，這些老樹爲當初台灣先民的農業開墾提供了實物上的佐證。

這棵老荔枝樹由主幹分爲兩大支，枝葉濃密，從山坡上望去，像是一柄綠色的大傘。

以前龍姓家族曾爲老樹的存廢起爭議，後來縣政府於1993年（民國82

● 老荔枝雖有部分腐朽，但生長良好，仍年年結果。（2002.11）

年）將老樹列爲珍貴老樹列管，並爲老樹設立避雷針及護牆而保留下來。老樹現在雖然因眞菌侵入而造成部份腐朽，但尚未影響健康。生長的高大壯實，仍然每年結果，但由於樹高，多不採收。

筆者建議地主希望能仿照廣東荔枝王的作法，透過農會系統、宣傳媒體將老荔枝樹的果實拍賣，這樣地主有利可圖，對老樹的保護也會更加盡心，不知讀者是否認同這樣的作法。

① 茄苳老樹位於私人茶場的土地內，旁邊有縣政府豎立的解說牌。（2002.02）

鹿寮坑老茄苳

樹　高　20公尺
樹　徑　2.1公尺
樹　齡　約250年

▶ 地理位置

芎林鄉華龍村新聯一茶場水溝邊的坡坎上。

華龍村由於早期有成群的梅花鹿，故古名鹿寮坑。因茄苳喜歡潮濕的土壤，所以這棵茄苳老樹適得其所，是縣內生長最佳的茄苳老樹，樹前有伯公祠。

老樹生長於鐘姓人家茶葉工廠的私人土地上，由村民共管。

老樹原先長滿了附生植物，根據記載，1992年曾雇工清除附生植物，據說共清除了5卡車之多，同時為老樹裝置避雷針。

老樹周圍都為水泥包圍，但緊靠溪邊，水分供應充足，生長的非常粗壯，樹蔭寬廣，是村民信仰的中心。

↑ 老樹上曾清除過附生植物，現在又重新長出許多附生的蕨類。（2002.02）

↓ 老樹粗大的樹幹基部用水泥圈圍保護，基部的磚塊由於樹根浮出，已部分損毀。（2002.02）

① 高大聳立的二寮樟樹全景。（2003.01）

二寮樟樹神木

樹 高	20公尺
樹 徑	基部粗達4公尺，樹幹直徑2公尺
樹 齡	約500年

▶ 地理位置

北埔鎮往外大坪，二寮段產業道路上。

　　北埔鄉這棵有500年高壽的二寮神木是鄉內最有名的觀光景點。這棵老樹位於當年因該地設有樟腦寮而得名的二寮段產業道路上。

　　二寮神木根系外露。早年移

發現台灣老樹

民開墾時，這棵樟樹就已經非常粗大，庄民在樹下蓋土地公祠祭拜，成為出外移民的信仰中心，現在仍有許多北埔鄉民到老樹下的福德祠祭拜，香火鼎盛。

筆者初次探訪時老樟樹所在地偏遠冷僻，非當地人絕難找到，現在縣政府為老樹美化周邊，設置觀賞平台步道，並有良好的導引指標，已成為北埔鄉重要的觀光景點。

老樟樹雖然用紅布纏繞，備受村民尊敬，但在樟樹頂端長有雀榕附生，雀榕的根系垂下直達地面，有將老樹纏勒致死的危險，最近已將雀榕氣生根部分截斷，以免過度蔓延。

靠福德祠另一邊的樹基嚴重腐朽，上方的粗幹已經枯死，部分腐敗的根部已經流失，應及早維護，否則容易傾倒。

⬆樹頂有雀榕附生，氣生根下垂將老樹包住。（2003.01）

⬆老樹與樹前的石雕伯公祠。（2003.01）

⬆老樹基部已經嚴重腐朽，部分腐根已經流失。（2003.01）

❶ 老樹末端枝條多數枯死，可見根系吸水運輸能力減弱。（2003.02）

大埔水庫邊的大樟樹

樹 高	20公尺
樹 徑	2.5公尺
樹 齡	約400年

▶ 地理位置

峨眉鄉石井村大埔水庫邊。

　　這棵樟樹是樟樹中的大老。大樟樹旁有伯公祠，當年因大樟樹是伯公樹而保留下來未被砍伐。

　　大樟樹緊靠台三號線路邊斜坡，分為兩支粗幹，1994年夏天

颱風吹襲造成基部土石崩落，使部分根系裸露。縣政府為維護老樹，在基部設置坡坎，回填土壤，並設置圍籬以防沖刷，現老樹基都被厚土堆積，影響了老樹的根系呼吸。高枝末端有枯死的現象，可以判斷老樹的吸水運輸能力已不足。

老樹所在的山坡，視野非常寬廣，可以眺望大埔水庫，晴天時可以看見大冠鷲來此遨翔覓食，是旅遊觀賞的重要景點。

❶ 老樹分為兩支主幹，於整治工程回填土壤時，將老樹基部覆蓋。（2003.02）

❷ 樹前的伯公祠由村民集資加蓋鐵皮屋。（2003.02）

❶ 老茄苳前的福德廟原先是獅頭山重要景點，人潮鼎沸。（1995.08）

劫後餘生的老茄苳

樹　高　　18公尺
樹　徑　　2.6公尺
樹　齡　　約300年

▶ 地理位置

峨嵋鄉七星村滕坪的正德宮後面。

　　1980年代，台灣風行大家
樂，許多老樹公成為樂迷追求明
牌的目標。明牌靈驗便罷，若不
靈驗，老樹往往成為樂迷洩憤的
對象。如彰化芬園鄉大彰路茄
苳、台中縣大里市樹王都曾被樂

迷倒農藥毒害。

　　這棵老茄苳當年也是
因為樂迷在樹下焚燒金紙，
造成火災，將老樹中央燒
空，幸虧村民搶救得宜，僥
倖生存。

　　正德宮建於1989年，
緊鄰獅頭山遊樂區。廟旁的
老茄苳樹中央仍留有已經燒
空炭化的痕跡，現在生長情
況還算良好，樹上也生長了
許多瓜子草等附生植物。

　　以往老樹是旅遊獅頭
山的重要景點，人聲鼎沸，
熱鬧非常，現在人潮已逐漸
退燒。老樹歷經數百年風霜
而能倖存，大家更應培養愛
護老樹為主的觀念，否則徒
然愛之，是以害之！

↑ 茄苳樹中央已經被火燒空，還留有炭化的痕跡。（2003.02）

↑ 在樹上長了許多附生的瓜子草。（1995.08）

❶老樹遠景。老樹位於茶園上的小山坡上，人跡罕至。（2003.02）

附滿蘭花的老樟樹

樹　高　　18公尺
樹　徑　　1.3公尺
樹　齡　　約150年

▶ 地理位置
峨嵋鄉七星村縢坪十寮（地址為13鄰9號）。

　　許多老樹上都有附生植物，但這棵樹上附生的蘭花之多，為筆者所僅見。十寮為早年樟腦寮，當腦丁砍伐完樟樹後，就將該處樹林開闢為農地。

發現台灣老樹

樟樹生長在私人茶園山腰上，樹上有蕨類附生，老樹有一大枝幹下垂到地面附近，上面附生大片牡丹金釵蘭。牡丹金釵蘭外形不像一般蘭花，莖葉呈圓筒形，花小呈黃綠色，屬於稀有性的蘭科植物。

　　鄧姓地主對老樟樹愛護有加，雖有人出高價也不願割讓。期望遊客觀賞此樹時能保持愛心，切勿攀折這些珍貴稀有的附生植物。

❶ 樹幹上蔓生著許多稀有的牡丹金釵蘭。（1993.10）

❶ 原先老樹附近荒煙蔓草，無人整理。（1993.10）

❶ 現在地主將老樹周邊清理得相當整潔，在樹頭按時上香祭拜。（2003.02）

❶ 老樟樹的主幹分為數支大枝，狀如北斗七星，所以當地稱為七星村。 （2003.02）

七星村七星樹

樹　高　　約15公尺
樹　徑　　約2.7公尺
樹　齡　　約400年

▶ 地理位置

峨嵋鄉七星村六寮古道路尾。

峨嵋鄉七星村古稱六寮，地名所謂的「寮」，有人說是樟腦寮，人說是謂隘寮。隘寮即早年為防原住民出草而在通路旁設置的義勇寮，以做為警戒防守用。在當地六寮古道路尾有一株粗大

異常的大樟樹，由於該棵樟樹從地際分爲7支主幹，類似北斗七星的圖案，所以當地改稱七星村。

　　樹幹中央有部分腐朽，樹頭也有部分被火燒毀。早年在樹下有用石板搭建的伯公祠。這是由於當時物質窮困，村民無力搭建宏偉的伯公廟，所以用三塊石板搭建的簡易伯公祠，現在還可以在少數大樹下看到這種最早期的伯公廟。這個伯公祠早已不見蹤影，附近房舍亦多已廢棄。

　　老樹位於民宅後方的樹叢中，從古道路邊的指標經過竹林即可到達。

❶ 老樟樹偏向山凹處傾斜生長。（2003.02）

❶ 樹幹基部還附生一棵粗大的魚藤。（2003.02）

❶ 老樟樹原先處身荒野，少有人煙。（1993.10）

❶鳳坑村有平地最多的朴樹群。（1997.11）

海岸林遺跡─新豐鄉朴樹群

【最大的一棵】

樹　高　4.5公尺

樹　徑　0.4公尺

樹　齡　約150年

▶地理位置

新豐鄉鳳坑村596號周圍。

　　新竹縣海岸生態資源豐富，海岸林相變化很大。新豐鄉紅毛港溪的紅樹林泥灘沼澤，是新竹縣最佳的紅樹林觀光、環境教育景點，假日遊客極多。鄰近的鳳

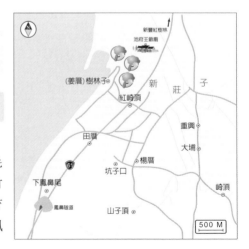

發現台灣老樹

⬆ 朴樹群散生在民宅旁邊。（1997.11）

坑村則是明顯的砂丘地形，在坑子口段群生的朴樹以及苦楝，都是海岸砂丘的代表性植物，由此也可推測鳳坑村是在砂丘海岸林中形成的聚落。

　　在鳳坑村596號周圍共計有106棵朴樹，圍繞住宅附近生長。由於海風強勁，許多老樹長年被風吹襲，樹幹都呈曲折生長，樹形極爲優美，猶如自然生成的盆景。

❶ 冬季楓香老樹落葉別有一番風情。（2003.02）

楓香綠色隧道

樹 高	約10公尺
樹 徑	約0.5公尺
樹 齡	約有80年

▶ 地理位置

台一線竹北大眉段。

日治時代日本人開拓縱貫線（今台1號省道），竹塹一帶徵調民伕在路邊種植大葉桉、黑松、木麻黃、楓香等行道樹。光復後，縱貫線經過數次拓寬，這些行道樹也被砍除消失，只留存台

發現台灣老樹

一線竹北大眉段共計196棵楓香老樹。

　　筆者20年前曾造訪此段行道樹，當時台一線只有中央快車道兩線，以楓香樹作爲快慢車道分隔島；近年來拓寬台一線，將中央快車道塡平種植草地，將快車道移至兩側。

　　楓香老樹多年來似乎未見增大，或許是生育環境不佳所致，被保留在路中央作爲安全島綠地，雖然生育地緊靠路邊車水馬龍，生長的較爲細瘦，但仍是台灣唯一的楓香行道老樹。楓香樹形極美，四季變化極爲明顯，是新竹縣彌足珍貴的行道樹。

↑竹北大眉段是台灣最老的楓香行道樹。（2003.02）

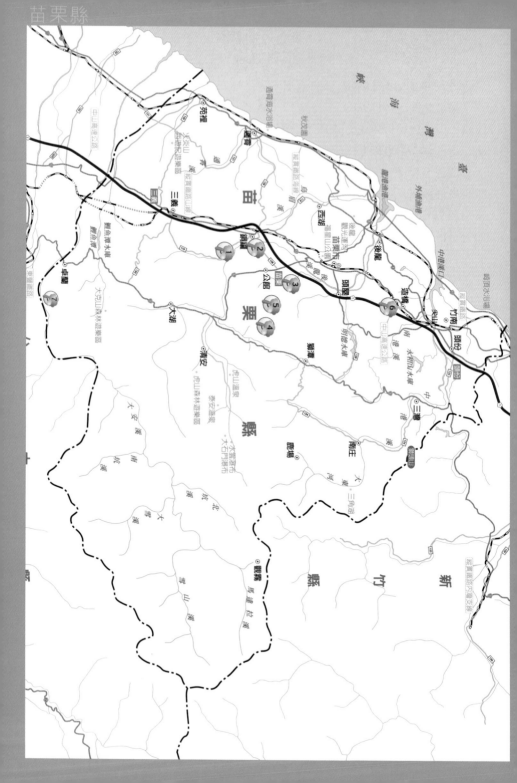

苗栗縣的老樹

山多平原少，是苗栗縣地形上的最大特色，故有「山城」之稱。

由於地形錯綜複雜，適宜樟樹生長，故為早期樟腦重要產地之一，銅鑼的樟樹村即以樟腦而命名，苗栗縣也以樟樹為縣樹；而三義木雕即因早期附近樟腦採收，遺留下來許多特殊造型的樹頭，於是逐漸發展出特有的雕刻工藝。

1 台灣最大的校樹……206
2 倖免於刀斧的老楓香……210
3 並生的大樟樹、老茄苳……212
4 被迫求明牌的老茄苳……216
5 樹大好遮蔭的刺桐……218
6 樟樹伯公……220
7 長滿附生植物的楓香……222

⊕ 老樹下樹蔭開闊，是聊天休息的好地方。（2001.05）

台灣最大的校樹

樹	高	24公尺
樹	徑	2.3公尺
樹	齡	約400年

▶ 地理位置

苗栗縣銅鑼鄉興隆國小內。

「青青校樹，灼灼庭花……
」，每當聽見這首大家耳熟能詳的
畢業歌，總讓人聯想起寧靜的校
園與蒼拔的大樹……。許多學校
都在慶祝百年校慶，但是百年校
樹卻是鮮少聽說過。雖然颱風、

發現台灣老樹

⬆ 老樹下「擎天巨龍」景石，恰如其份的描述了老樹雄偉的樹勢。（2001.05）

⬆ 老樹位於興隆國小操場上，視野開闊，生長不受侷限。（2001.05）

病蟲害等自然災害不能忽略，然而學校建設過程中，缺乏對植物應有的尊重，動不動就砍伐樹木建立新房舍，所以創校之初所植的樹木能保留到今天的可說是少之又少。

這棵位於苗栗縣銅鑼鄉興隆國小的老樟樹是全台灣最大的校樹，位於學校操場內，生長得高大挺直。老樟樹所在地為當地開發彭姓先祖來台墾居之地，特別具有歷史意義。老樹由當地扶輪社認養維護，在老樹周圍圈圍，種植花草及地被植物加以美化、保護。學校也向縣政府爭取75萬經費，興建避雷針以防雷擊。

老樹是當地的歷史傳承的見證，是興隆國小全校之光，也是學校的精神地標，畢業的學生都對這棵校樹留下深深的回憶與感情，老樹周圍寬闊，晨昏風景各異，真是一棵相看兩不厭的老樹。

⬆ 學校花費鉅資為老樹豎立避雷針。（2002.07）

發現台灣老樹

❶ 黃昏日暈映照老樹別有一番風情。（1996.10 ）

❶黃昏時由山坡下仰觀楓香老樹。（1996.10）

倖免於刀斧的老楓香

樹　高	20公尺
樹　徑	1.8公尺
樹　齡	約250年

▶ 地理位置

銅鑼鄉朝陽村七鄰公墓山坡上。

　　據說這附近原先共有5棵楓香老樹，80餘年前銅鑼建媽祖廟，將其中4棵砍伐作為建材，當初因為這棵老樹樹幹彎曲不成材，而且是最小的一棵，才倖免於難。

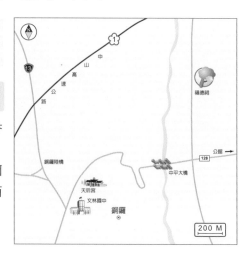

發現台灣老樹

老樹下原來建有當地最早的開庄伯公廟，香火鼎盛；後來由於老樹位於陡坡上，祭祀不方便，而將土地公從樹下移到下方較平坦的路邊。

　　依照銅鑼鄉傳統，向老樹許願及還願時，都要在樹上紮上紙製的符記，是別具特色的當地習俗。

◑ 老樹由樹幹基部分出兩枝粗大的主幹，由於彎曲不成材，反而得以安享天年。（2001.05）

⬆ 由山坡上平視老樹，縣政府在老樹下設置圍籬以保護。（2001.05）

⬆ 由老樹另一側欣賞老樹高大伸展的樹形。（2001.05）

❶ 老樹的夏日風情，枝葉扶疏，樹大、風涼、好遮蔭。（1997.05）

並生的大樟樹、老茄苳

【老樟樹】

樹	高	約22公尺
樹	徑	2.8公尺
樹	齡	約600年

【茄苳樹】

樹	高	21公尺
樹	徑	3.6公尺
樹	齡	約400年

▶ 地理位置

公館鄉鶴岡村5鄰151號後方廣場，伯公廟邊。

發現台灣老樹

在台灣平地，數百年生的老樹本已罕見，以文旦柚聞名的公館鄉鶴岡村卻擁有兩棵巨大並生的大樟樹與老茄苳，論年紀、大小、特殊性都是台灣獨一無二的。

這對並生老樹是平地罕見的粗大老樹，緊鄰大排水溝生長，附近有又為農田，老樹的根系在地下伸延數十公尺，水分與養分都不虞匱乏，一點都不顯老態。

老茄苳生長勢相當旺盛，高大挺直，老樟樹受到茄苳的壓迫，枝條向廣場一側傾斜生長，雖主幹已中空腐朽，但尚不影響健康。但由於廣場水泥化，另一邊又緊鄰道路，生長

⊙ 老樹冬天落葉，樹前的伯公廟雖小，但卻別有古意。（1996.12）

⊙ 夏日午後於老樹小憩片刻，雖是衣衫襤褸，卻是怡然自得。（2002.08）

⊙ 兩棵老樹並生，左側的茄苳壓迫右邊的樟樹，使樟樹向廣場生長。（2001.05）

↑ 老樹及伯公廟周圍由附近居民打掃得相當整潔。（1996.12）

空間受到侷限。幾年前老樹曾經遭受病蟲害大量落葉，後來延醫診治，終於恢復好轉。

當地人尊奉這兩棵樹為神木，樹下伯公祠雖然小，但古色古香，幽靜清涼。廣場由附近居民打掃的相當整潔，並於每月初一、十五準備清香、素果前來祭祀。

要欣賞老樹之美，絕對不可錯過這兩棵並生的樟樹與茄苳。

↑ 老茄苳由於道路擠壓，在樹頭長出許多樹瘤。（2002.08）

❶ 兩棵老樹基部緊密相連，彼此根系互相交纏，真是難分難捨。（2001.05）

⊕ 北河村老茄苳生長於溪邊，村民在茄苳樹前建伯公廟祭祀。（2002.08）

被迫求明牌的老茄苳

樹 高	22公尺
樹 徑	2.5公尺
樹 齡	約300年

▶地理位置

公館鄉北河村十二鄰辦公室對面，伯公廟後方。

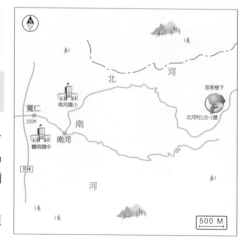

　　在大家樂盛行的年代，許多樂迷會四處追求明牌，稍有知名度的像石頭公、老樹公、大眾廟都成了樂迷燒香求明牌的對象。這棵老茄苳樹雖然地處偏遠，但

伯公靈驗，因此當時前來求明牌的人絡繹不絕。

　　老茄苳位於河邊，村民將老茄苳用鐵欄杆圈圍保護，生長情況相當良好，樹勢極健旺。早年由於有「樹大有神」觀念，於是當地民眾就在樹下建伯公祠祭祀。

　　過去附近煤礦事業發達、人口眾多，現在由於經濟不景氣，許多村民無法維持生活而逐漸搬離，住家稀少許多。

⬆ 老樹地處陰濕，樹幹上長滿綠色青苔。（1997.05）

⬇ 老樹樹形很類似南投埔里鎮枇杷里茄苳老樹，生長的相當高大挺拔。（2002.08）

⬆ 刺桐夏日滿樹綠葉，樹下成為良好地方。（2002.08）

樹大好遮蔭的刺桐

樹	高	13公尺
樹	徑	1.7公尺
樹	齡	約180年

▶ 地理位置

公館鄉仁安村211號前。

刺桐是台灣海岸的原生樹種，以樹幹多刺而得名。春末開花時，滿樹鮮紅色的花朵非常美麗。刺桐屬生長速度較快的樹種，但木材不耐腐朽，所以刺桐老樹比起茄苳、樟樹來說，顯得

相當稀少。

　　這棵老樹從地面約3公尺的地方分
為兩大枝幹，受到居民很好的保護，在
樹下設置鐵欄杆。老樹邊建有伯公廟，
一旁也蓋有涼亭，在花季時，遠遠的從
路邊就可以看到整棵樹開滿紅花，甚為
美麗。夏季樹下涼亭清風徐來，是老人
家休憩、聊天的好地方。

⬆ 冬季落葉，春天開花，吸引綠繡眼來吸蜜。
（1995.05）

⬇ 刺桐生長快速，但極易腐朽，平地上這樣粗大的刺桐老樹極為
罕見。（2002.08）

❶ 老樹下建有當地最早的伯公祠，樹前掛滿祈願求福的紅布與紙紮。（2002.08）

樟樹伯公

樹 高	21公尺
樹 徑	1.5公尺
樹 齡	約350年

▶ 地理位置

造橋鄉豐湖村七鄰八號，苗12線7公里處路邊。

　　客家人多稱土地公為伯公，而且多在大樹旁建廟。

　　這棵樹下就有一座伯公祠，根據當地耆老的說法，早在清朝雍正年間，老樹下就有石板搭建

的伯公祠，由當地彭姓及巫姓家族共同祭祀。

　　當時這棵樟樹已成老樹，所以稱這棵老樹為樟樹伯公，伯公祠於1994年重修。早年村中一些孩子，為求平安上進多拜老樹為樹爺，當老樹的契子，並在樹前綁上一片紅布，從此小孩就會很好養。

　　這棵老樟樹由樹幹基部就分為幾支主枝，在樹頭附近的一支大主幹曾經斷裂，形成一個很大的傷口，應及早將傷口封閉，以免腐朽菌侵入樹體，威脅到老樹的健康。

↑ 老樹的大枝幹曾經折斷，造成的腐朽深入樹幹中央，應及早將傷口消毒、封閉。（2002.08）

⊕ 楓香樹在落葉期間可以清楚的看到附生在樹幹上的槲蕨，另外生長在枝條前端、形似鳥巢狀的為稠欉柿寄生。 （1995.11）

長滿附生植物的楓香

樹	高	20公尺
樹	徑	1.7公尺
樹	齡	約200年

▶地理位置

卓蘭鎮老庄里1號馬場土地公廟旁。

在老樹上常會見到一些像蘭花、蕨類等依附其上生長的植物，植物學上稱為「附生植物」，尤其地處潮濕、水氣充足的地方更為明顯。

這棵老楓香的樹幹上就著生

了大片的槲蕨；槲蕨的孢子隨風飛散到樹幹上生根，肉質的根莖緊貼在樹上隨處長葉，整棵樹猶如穿了一件綠色的外衣，蔚爲奇觀。

馬場土地公廟已經有170年的歷史，在1985年改建，廟旁的這棵老楓香樹勢高大挺拔，當地民眾對老樹相當保護，但老樹在樹頭附近被水泥磁磚包圍，妨礙了老樹的生長。

在巷口的昭忠廟爲祭祀中法戰爭時戰死當地的湖南湘軍，同時祭祀「蛾神」。在廟外供奉一座天蛾的塑像，廟內還放置了一張長尾水青蛾的照片。由於這類昆蟲是以楓香葉片爲食，是否與這棵老樹有關則不得而知。

◑ 昭忠廟前神蛾的塑像。（1995.11）

◑ 密生的槲蕨猶如替老樹穿上一層綠色的保護衣。（1995.11）

◐ 楓香上生長了多種的附生與寄生植物，形成另一種懸空的生態系。（1997.06）

◐ 楓香與土地公廟。（1997.06）

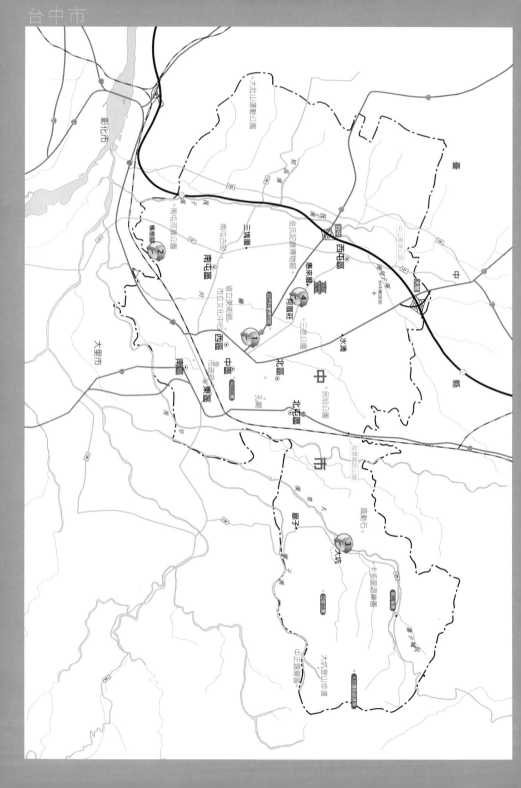

台中市的老樹

　　台中市位於台中盆地的中央，背山面海，素有文化城的美譽，早在清朝雍正年間即有派兵屯駐，於乾隆年間居民日增形成聚落。台中市區的老樹據統計共有38株，其樹種有榕樹、茄苳、雀榕、龍眼、芒果、楓香、吉貝木棉、雨豆樹、大葉巴克豆等，其中以榕樹22棵最多。以中港路老茄苳、大坑圓環老楓香、南區樹德里榕樹與雀榕包廟較具有特色。

1　台中市中港老茄苳……226
2　樹包廟的奇景……228
3　東山路大坑圓環的老楓香……230
4　侷促在房子裏的老茄苳……232

❶ 從台中港路所看到的老茄苳，老茄苳是台中市最老的大樹。 （1996.10）

台中市中港老茄苳

樹 高	21公尺
樹 徑	3.3公尺
樹 齡	約600年

▶ 地理位置

西區後龍里中港路1段51巷4號，中山醫院旁。

　　這棵樹是台中市最老的樹。老樹樹勢極為健旺，距樹頭約15公尺處由根際萌蘗長出第二、第三代木，唯第三代木已衰老，呈半腐朽態。

發現台灣老樹

老茄苳極得當地民眾愛護，也是當地信仰中心，尊稱為「千年茄苳公」，在樹梢設立避雷針以防雷擊，在粗大枝幹下方立支柱以防遇強風折斷。

在樹旁建有茄苳公廟，與屏東里港與埔里興南宮兩棵老茄苳互相結拜，每年農曆8月15日為老茄苳做壽時，三地進香團都會互訪並為老樹掛紅綾以示尊崇，拜老樹為契子（養子）的善男信女都會回來參拜老樹並換香火。

老樹的樹蔭寬達20餘公尺，在樹下已闢建為小公園，並有遊憩設施供附近民眾使用。

⬆ 老茄苳從基部分為兩支粗大的主幹，傳聞老茄苳的基部被填土填掉了三公尺，所以現在看到的是樹幹的中段部份。（1996.10）

⬆ 老樹的契子在農曆8月15日回來為老樹過壽。（1998.10）

❶ 兩株老樹的根系已將土地公廟包住。（1982.04）

樹包廟的奇景

樹　高　12公尺
樹　徑　3.6公尺
樹　齡　約200年

▶ 地理位置
南區樹德里正德三巷活動中心水泥廣場中央。

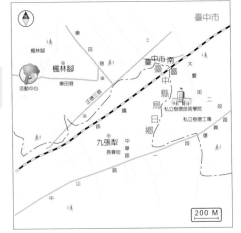

臺中市

由榕樹（小葉）與雀榕（大葉）連體共生而成，樹勢十分健旺，樹蔭可達20餘公尺。

在樹下有一鐵皮搭建的簡易土地公廟，附近民眾為老樹掛上

發現台灣老樹

紅綾，並定時前往祭拜並打掃環境。

　　由於榕樹及雀榕的根系生長極為快速，已將土地公廟包住，只剩下一個缺口，日久或許會將整個廟包住。雀榕於10至11月結果期會吸引成群的白頭翁、綠繡眼來吃果實，鳥聲吵雜。

　　由於老樹樹頭周圍皆被水泥包封住，影響到老樹根系的呼吸，應適當將水泥挖開以免影響老樹的生長。

🔾 在老樹前另立新廟。（1988.11）

〔台灣鄉間老樹〕

229

❶ 大坑圓環的老楓香已經成為大坑的地標。（1996.08）

東山路大坑圓環的老楓香

樹	高	16公尺
樹	徑	1.6公尺
樹	齡	約200年

▶ 地理位置

北屯區東山路大坑圓環中央。

　　大坑位於北屯區，是台中市民假日登山踏青的旅遊景點，大坑圓環位於大坑的交通樞紐，到各風景區都必須經過這裡。這株老楓香樹就位於圓環中央，也因此成為大坑的地標。

登現台灣老樹

樹幹中央多年前一支粗大主幹斷落而嚴重腐朽成空洞，幸賴當地民眾施肥修剪才得以保持生機。

秋冬季時為落葉期，滿樹黃葉非常美麗；但在落葉期仍可以看有許多綠色，那是一叢叢呈鳥巢狀的椆櫟柿寄生在樹梢上。這些寄生植物靠鳥類將種子傳佈到其他樹上，藉由特殊的吸根侵入樹體奪取生活所需的養分和水分，對生物間互相的關係可以獲得很好的啟發。

台中市政府於民國74年將老楓香周圍築成高兩公尺、直徑二十公尺的圓環，後來道路拓寬時仍將圓環保留。樹下為當地老人休閒活動中心。

⊙老楓香在冬季落葉時滿樹黃葉，甚為美麗。（1999.12）

⊙老楓香旁建有福德祠，供奉土地公及土地婆。（1999.08）

❶屋主與老樹粗大的樹頭合影，老樹生育地頗為侷限。（1995.07）

侷促在房子裏的老茄苳

樹	高	12公尺
樹	徑	2.6公尺
樹	齡	約250年

▶地理位置

台中市重慶路何厝國小對面的腳踏車行內。

老樹生長的地方舊稱何厝庄，大致上沿著台中港路北側分佈，由何性宗親聚居而得名。這棵老樹樹幹基部被包在屋內，樹幹伸出屋外呈蘑菇狀，枝條伸展

的並不開張，侷促於主幹周邊，顯然是經過修剪或根部吸水能力降低造成，老樹的基部形成巨大的樹瘤，好似天然的盆景。老樹基部為水泥護牆圈圍，旁邊又有排水溝阻礙根系伸展，生長受到侷限。

　　以前曾有遊樂區出高價要買老樹種在庭園內，但被屋主婉拒，屋主對老樹愛護倍至，每隔一段時間就會幫老樹噴藥清除害蟲。老樹生長在屋內雖然蔚為奇景，但處於如此不好的生長環境，實在有礙老樹的生存。

◐ 由屋外看老樹，樹頂呈蘑菇狀，枝條並不開張。（1995.07）

〔台灣鄉間老樹〕

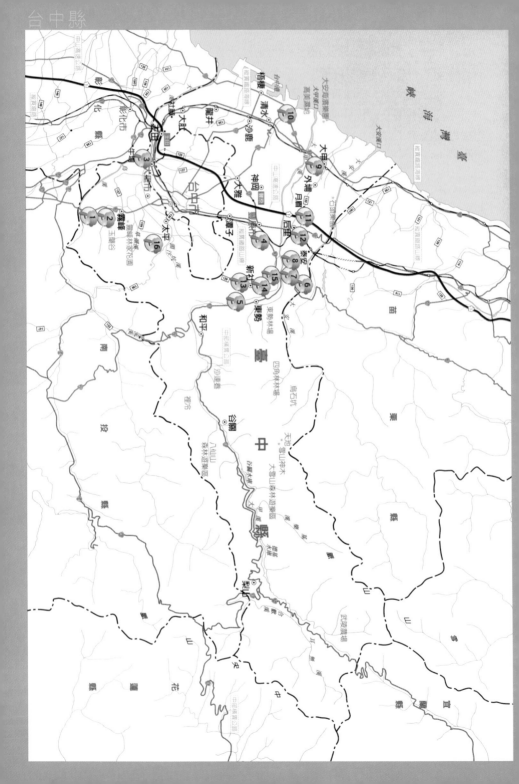

台中縣的老樹

在台中縣21鄉鎮中，共有87棵具有百年歷史的老樹，樹種包含榕樹、茄苳、樟樹、雀榕、楓香、朴樹、刺桐、台灣欅、緬梔、琉球松、檸檬桉等12種，其中有許多已與鄉土民俗相結合，被當地民眾神格化而加以祭拜，形成當地特有的民俗勝景。筆者挑選其中的16處具樹齡兩百年以上，或具有獨特民俗特色的老樹介紹給各位讀者。

1　房舍中間的萬豐樟聖公……236

2　樹幹腐朽的老茄苳樹……238

3　大里市樹王里「涼傘樹」、「樹王公」……240

4　位於庄頭的老芒果樹……242

5　伯公廟的伯公樹……244

6　全身長滿附生植物的老樟樹……246

7　地處荒野的兩株大樟樹……248

8　保留台灣原始林相的老樟樹……250

9　形成拱門的老榕樹……252

10　獨木成園……254

11　澤民大樟樹……256

12　日月神木……258

13　定為採種母樹的大樟樹……260

14　差點遭砍伐的大樟樹……262

15　五福臨門神木……264

16　靶場內的大樟樹……266

❶ 萬豐樟聖公樹勢雄壯巍峨，但四周都被建築物包圍，生長受限。（1997.04）

房舍中間的萬豐樟聖公

樹　高	21公尺
樹　徑	2.5公尺
樹　齡	約200年

▶ 地理位置

霧峰鄉萬豐村中正路150巷1號，萬豐村社區活動中心前。

　　這棵樹的樹勢極為旺盛，由主幹向側方分出數支粗大的枝條，生長良好。此棵老樟樹是該村信仰的中心，村民敬拜老樹，認為老樹可以庇蔭鄉里。

民國80年，當時的廖了以縣長以老樟樹爲當地樹木的大老，命名爲「萬豐樟聖公」。原先在樹下有一用石頭簡易搭建的福德祠，後來才由村民在樹前另行蓋廟。樹前除了活動中心外，還成立了社區托兒所及圖書館，是當地民眾休閒、聚會的好場所。

　　唯老樹緊臨省道，土地寸土寸金，四周圍皆被房舍及鐵皮頂棚所圍繞，許多粗大的枝條都被鋸掉，生長受到侷限。

❶在樹頭仍留有三塊大石所搭蓋的土地公祠。（1997.04）

❶萬豐社區圖書館成立，萬豐國小的學生到老樹前的廣場參加活動。（1998.06）

🔵 長在田野間的老茄苳與福德祠，是台灣農村最典型的寫照。（1997.07）

樹幹腐朽的老茄苳樹

樹 高	15公尺
樹 徑	1.8公尺
樹 齡	約200年

▶ 地理位置

霧峰鄉六股村峰谷路77號對面，產業道路旁的福德祠後方。

茄苳樹喜好水分，生長在水稻田邊正適合所需，生長的十分茂盛，樹冠也能充分開展。敬重老樹高齡，村民拜土地公順便也拜老樹，並為老樹纏上紅綾以示

發現台灣老樹

尊崇，同時在樹旁設立避雷針以防雷擊，保護可謂周到。

　　老樹上也附生許多槲蕨、抱樹石葦，十分青翠可愛。唯老樹樹幹早年折斷，傷口未受到良好的保護，遭到腐朽菌侵入，造成樹幹中部嚴重腐朽剝落，甚至在樹根部分有眞菌的子實體長出，可見樹體已遭到嚴重腐蝕，這對老樹的生長勢有很大的影響。

🔼 在老樹的枝幹上附生了許多槲蕨。（2002.08）

🔽 老樹的樹頭用紅綾包裹以彰顯神性。（1997.07）

⬆ 大里市樹王里因這棵老樹而得名。（1996.10）

大里市樹王里「涼傘樹」、「樹王公」

樹　高	12公尺
樹　徑	2.5公尺
樹　齡	約500年

▶ 地理位置

大里市樹王里東興路191巷底。

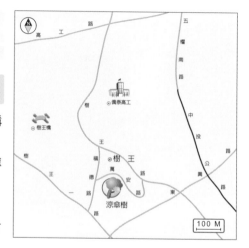

　　樹王里在大里市未升格前稱樹王村，即因此棵老茄苳得名。

　　樹王村舊稱為涼傘樹莊，傳說嘉慶君遊台灣時於樹下避雨，認為老樹就像一把大涼傘一樣，故稱為涼傘樹。另一傳說嘉慶君

發現台灣老樹

遊台灣時於樹下遇盜匪，幸賴老樹化身爲紅衣武士解圍，故策封老樹爲樹王公。

老樹極得村民敬重，愛護倍至，並爲其立圍籬、支柱，在老樹後方建樹王公廟供奉樹王公神位。拜老樹爲契子的不計其數，每年農曆8月15日皆會回來給老樹做壽，兒童並可求取老樹樹葉祈求平安。

老樹經過民國75年韋恩颱風，以及火燒樹頭、毒藥澆灌之人爲摧殘，雖僥倖存活，但樹勢已極爲衰老，實在十分令人惋惜。

⊕ 老樹的樹頭曾被澆灌毒藥，已用鐵欄杆加以圈圍保護。（1997.10）

⊕ 村民定時到樹王公廟祭拜。（1996.10）

❶ 此株老芒果雖年歲已高，但樹勢健旺，每年仍會按時結果。（1997.10）

位於庄頭的老芒果樹

樹　高	約17公尺
樹　徑	1.9公尺
樹　齡	約250年

▶ 地理位置

台中縣豐原市南陽里南陽路123巷。

　　芒果原產於印度，已有4000
餘年的栽培歷史。台灣最早的芒
果栽培記載為明朝嘉靖40年，由
荷蘭人引入栽培。相傳在台南縣
仁德鄉有荷蘭人所栽植的老芒果
樹，但可惜已被砍除。

這棵台灣現存罕見的芒果老樹，樹幹粗大，雖有一支粗大側枝折斷造成空洞，但仍枝葉茂盛。

　　居民習慣在庄頭設土地公祠，這棵老芒果樹正好位於南陽里庄頭，所以由鄉民在樹前建設一福德祠。老芒果樹保護良好，鄉民爲老樹建立水泥護牆，並經常來樹下清掃落葉，樹旁並有連戰先生於省主席任內所題贈的「蔭庇鄉里」題字。

◐ 老芒果樹前有連戰先生的「蔭庇鄉里」題字。（1998.04）

〔台灣鄉間老樹〕

❶ 兩株伯公樹中的樟樹與前方的伯公祠。（2000.08）

伯公廟的伯公樹

【樟樹】

樹　高　31公尺

樹　徑　1.2公尺

樹　齡　約150年

【楓香】

樹　高　30公尺

樹　徑　1.5公尺

樹　齡　約300年

▶ 地理位置

東勢鎮詒福里東關街，台八線（中橫公路）路邊的新伯公廟旁。

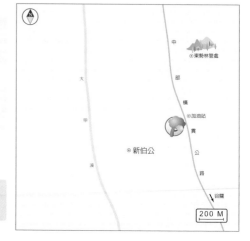

中部橫貫公路

東勢林管處

大甲溪

加油站

新伯公

谷關

200 M

台中縣東勢鎮為客家人的聚落，客家人稱土地公為伯公，而在伯公廟的旁邊通常會保存一棵老樹稱為伯公樹，許多珍貴老樹即因此種民間信仰而被保存下來。

在新伯公廟旁的樟樹與楓香是當地最有名氣，也是最容易到達的兩棵伯公樹。楓香樹較靠近公路，兩棵高大的老樹並生在公路旁邊，形成相當引人注目的地標。

老楓香樹上附生了許多槲蕨、大葉骨碎補等蕨類，像是為老樹披上了一層綠色的外衣。落葉時期還可見到樹上有一團團鳥巢狀的桑寄生，這些桑寄生會侵入樹體奪取水分及養分，數量太多時會對樹勢造成傷害。同時，在楓香的高枝上還可見到蛾類的「楓仔蟲」所結的蛹，這些「楓仔蟲」的幼蟲期是以楓樹的樹葉為食物。

可見一棵老樹並不只是一個生命而已，同時還維繫著許多依賴老樹維生的生物相。

⬆ 兩株伯公樹中的老楓香。（2002.12）

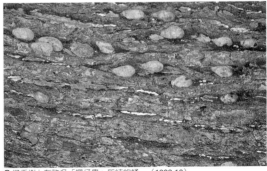

⬆ 楓香樹上有許多「楓仔蟲」所結的蛹。（1993.10）

● 天花井的老樟樹與福德祠。（1995.09）

全身長滿附生植物的老樟樹

樹　高	12公尺
樹　徑	1.5公尺
樹　齡	約200年

▶ 地理位置

東勢鎮明正里第一鄰的三叉路口。

　　該地因一口四時不絕的水井而稱天花井，在三叉路口有一棵長滿附生植物的老樟樹。鄉民在樹頭擺設鐵皮屋頂及香爐供奉福德正神牌位。

發現台灣老樹

由於位於山陰、空氣中濕氣很重，這棵老樟樹樹上密生許多附生的蕨類植物，其中尤以槲蕨數量最多。這些蕨類的孢子由空氣傳佈，當飄到樹上遇到適當的環境，便發芽長成新的植物體。槲蕨由於佇立在樹幹上，在基部會形成褐色的腐植收集葉，可收集腐葉、灰塵等物質以提供礦物質等營養，上部的綠色營養葉則可行光合作用以合成醣類。

　　這些附生植物除了雀榕外，很少會對老樹造成傷害，與老樹共同形成一個共榮共存的生態體系。

❶ 在老樟樹的樹幹上附生了許多的槲蕨。（1993.06）

〔台灣鄉間老樹〕

❶ 位於民宅後方的老樟樹有一株罕見的粗大魚藤附生。 （1996.10）

地處荒野的兩株大樟樹

【大棵的】

樹	高	約20公尺
樹	徑	約2公尺
樹	齡	約350年

【小棵的】

樹	高	15公尺
樹	徑	1公尺
樹	齡	約100年

▶ 地理位置

走東勢鎮泰興里附近的產業道路，至泰昌鐵工廠轉進一條狹窄的巷弄到底。

在東勢鎮泰興里附近的地勢爲中央凹陷的谷地，故當地稱爲稱爲鼎底鍋。這一區有兩棵未列報的老樟樹，較小的一棵位於私人住宅的後院，樹雖不大，但附生有一棵非常罕見、粗達40公分的大魚藤。魚藤全株帶有毒性，原住民常將其搗碎，倒入水中用來毒魚。

　　由民宅旁邊的田埂爬上種滿桂竹的山坡，即可看見另一棵較大的樟樹，樹勢相當健旺，樹上有一棵雀榕纏繞附生。

　　這兩株老樹皆未列入珍貴老樹保育的名單，由於地處荒野，無人祭拜，但或許因爲這樣才能怡養天年，不遭斧鉞之災。

◐ 位於桂竹林中的老樟樹有雀榕包纏附生。（1996.10）

● 老樟樹與樹前用鐵皮搭蓋的伯公祠。（1996.10）

保留台灣原始林相的老樟樹

樹　高	20公尺
樹　徑	約2公尺
樹　齡	約400年

▶ 地理位置

東勢鎮背埤頭里第一鄰圳寮巷路旁。

　　台灣低海拔的原始森林，經過先民300餘年的開發，早已被砍伐殆盡。對於當年台灣低海拔的植物景觀，植物學者只能由一些殘存的原生林加以臆測。

200 M

發現台灣老樹

這棵老樟樹緊鄰石岡水壩邊，下方則有用鐵皮搭蓋的伯公祠，是當地碩果僅存的老樹。

老樹身上附生一棵粗大的魚藤，蔓生長達數十公尺，旁邊伴生著許多如樹杞、杜英、青剛櫟、山棕等原生樹種。

當初即因民眾敬拜老樹的習俗，而將附近的植物相一併保存下來，或可想像石岡附近百年前原始森林的景象。

⊕ 老樟樹上有一棵非常粗大的魚藤附生。（1996.10）

形成拱門的老榕樹

樹　高　12公尺
樹　徑　1.6公尺
樹　齡　約160年

▶地理位置

台中縣大甲鎮義和里484巷口。

　　分佈於美國西部的巨大的紅杉，高度可達一百公尺以上，其中有一棵樹底形成隧道，車輛可以從樹下直接通過，成為美西國家公園的一項特殊景觀。

　　而台灣這棵老榕樹也形成了人車可從樹下通過的天然拱門奇景，是台灣唯一的一株！這棵樹的主幹與分枝分立道路兩邊，主幹基部匍匐地上形成許多樹瘤，越顯老樹的蒼勁之感。因車輛經過時偶爾會撞到樹身，將樹皮碰破，所以削去部分支幹以方便車行。

　　義和里巷弄狹小，仍保留有許多舊式的三合院，也保留了好幾棵百年老榕樹，是一個假日尋幽訪勝、懷古的好去處。

❶ 老榕樹的樹基非常寬廣，同時形成許多樹瘤。（1995.08）

❶ 義和里的老榕樹是台灣唯一在道路上形成拱門的老樹。 （1995.08）

● 老樹佔地寬廣，樹下是老人休憩、聊天的好地方。（1997.08）

獨木成園

樹 高	20公尺
樹 徑	分為多支，無法估算
樹 齡	約有300年

▶ 地理位置

清水鎮海濱里海濱路海濱社區活動中心旁。

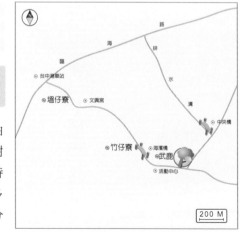

　　這棵樹的樹勢極為健旺。由於鄰近海邊，海風強勁，老榕樹的生長勢就略為低矮匍匐。同時為了幫助支持，由枝幹產生許多氣生根下地，形成多數粗大的分

登現台灣老樹

枝，枝葉茂盛，擴展至周圍數十公尺，可說是獨木成園。

　　當地民眾在樹下建有「百姓公廟」供奉，老榕樹受到當地居民極好的照顧；樹下放置許多石桌、石椅供當地居民休憩，另設有兒童遊戲設施供托兒所的小朋友使用，老榕樹在小朋友的嬉笑聲中可絕不寂寞。

❶ 獨木成園的海濱里老榕樹。（1997.08）

❶ 后里月眉「澤民大樟公」據說是由兩棵巨大樟樹合生而成。（1994.06）

澤民大樟樹

樹　　高　　約18公尺

樹　　徑　　南株2.7公尺；北株2.4公尺

樹　　齡　　約500年

▶地理位置

后里鄉月眉糖廠邊，月眉村雲頭路45之1號，福德祠後方。

　　這兩株並生的大樟樹，生長極為健旺，佔地達300坪，遠望好像一頂巨大的綠色華蓋，是台中縣最具知名度的老樹之一。

　　后里鄉民極為敬重該棵老樟

樹，特別成立「月眉福德祠澤民大樟公管理委員會」，對老樟樹提供無微不至的保護。除設置避雷針外，並在樹幹下方設置鐵柱以支持樹體避免折斷，唯部分樹體已遭白蟻侵害。在老樹樹幹周圍設有水泥矮牆加以保護，在樹下並設有三排座椅供民眾休憩納涼。

　　民國71年由當時省主席李登輝先生命名為「澤民大樟樹」，取其澤施於民之意，又稱為「澤民樟樹公」。在福德祠後方另蓋有「澤民大樟公祠」，將老樟樹奉為樹神加以膜拜。每年農曆8月15是大樟公過壽，各地善男信女前來燒香祈福者，絡繹不絕。

◑ 由李登輝總統題字「澤民大樟樹」碑。（1994.06）

◑ 大樟樹與樹前的福德祠，在老樹的枝幹下並立鐵柱以支撐。（1997.08）

⬆ 日月神木由日樹（樟樹）與月樹（榕樹）合生。（1997.11）

日月神木

【樟樹】

樹　高　　30公尺

樹　徑　　2公尺

樹　齡　　約400年

【榕樹】

樹　高　　約20公尺

樹　徑　　部份已腐朽，無法估算

樹　齡　　約200年

▶ 地理位置

后里鎮成功路48巷30號。

在后里地區除了澤民大樟公外，這兩棵並生的老樹也具有非常高的知名度。這兩棵老樹是由一棵老樟樹與一棵老榕樹從樹頭相接合生而成。

樟樹較大稱日樹（樟公）；榕樹較小稱月樹（榕媽），榕樹樹幹已經腐朽的相當嚴重。因其綠蔭寬廣，生意盎然，兩樹合稱爲日月神木。

樹前有福德祠敬拜土地公。居民在樟樹上設立避雷針，兩樹周圍設八角水泥矮牆以保護，樹下並有石桌椅、搖搖椅等設施供民眾休憩。

● 月樹已經嚴重腐朽，所以用塑膠管導引氣生根協助支持。（1997.11）

❶ 老樟樹生長極為高大健旺，在樹叢中頗有鶴立雞群之感。　（1996.06）

定為採種母樹的大樟樹

樹　高	18公尺
樹　徑	3.5公尺
樹　齡	約500年

▶地理位置

新社鄉大南村水頭巷，大甲溪支流食水料溪的源頭附近。

　　此樹粗壯益常，枝幹擴展達20公尺，左邊有一支側枝遭遇強風而折斷。在樹下保留有原始的石頭土地公祠，當地人稱為土地公樹。

日治時代台灣樟腦業
極爲發達，曾佔全世界第
一位，當時因樟樹品種良
莠不齊，這株老樟樹相傳
是屬於樟樹中的香樟，是
製造樟腦的良材，所以在
日治時代指定爲採種母
樹。

❶ 在樹頭的簡易土地公祠。（1997.10）

❷ 這株老樟樹於日治時代指定爲採種母樹。（1997.10）

【台灣鄉間老樹】

261

差點遭砍伐的大樟樹

樹　高	18公尺
樹　徑	2.3公尺
樹　齡	約400年

▶ 地理位置

新社鄉大南村中和街水尾巷的私人住宅內。

新社鄉在日治時代的採樟腦業十分興盛，當地有許多腦寮提煉樟腦，曾有製樟腦的腦丁想要砍伐這棵樟樹，但因當地民眾向警察請願才免於遭砍伐的命運。

早年在樹頭下有石頭土地公祠，後在路邊新設一福德祠將土地公請出供奉，現樹下並無人祭拜。園主對老樹疼愛有加，用心加以保護，為老樹壝土並防治病蟲害，許多工藝店出高價欲購買這棵老樟樹來雕刻神像，皆遭主人婉拒出售。

❶ 水尾巷的老樟樹，有數根粗大的枝條已遭颱風吹斷。（1996.06）

發現台灣老樹

↑ 老樟樹生長的非常高大，位於私人庭園內，園主愛護有加。（1996.06）

① 「五福臨門神木」佔地1300平方公尺，老樟樹匍匐枝條落地又長成新株。（1995.06）

五福臨門神木

樹　高　20公尺
樹　徑　2.5公尺
樹　齡　約350年

▶ 地理位置

石岡鄉龍興村岡山巷一鄰三號。

　　這棵老樹是台中縣另一棵與月眉澤民樹同樣遠近馳名的大樟樹。

　　老樹的樹頭分為數支粗大的主幹，蔓生長達數十公尺，枝條已有部分腐朽。因共有樟、楠、

發現台灣老樹

264

朴、榕、相思五種樹環繞而生，民國65年由蔣經國總統命名為「五福臨門神木」。

先民原先在樹頭擺設石頭公燒香祭拜，現已將老樹周圍用鐵欄杆圍起來加以保護，禁止遊客擅自進入，在外圍另立神祠供人膜拜，並為老樹立支架以支撐樹體。

地方政府將「五福臨門神木」規劃為觀光區，假日時遊覽車、遊客絡繹不絕，成為石岡鄉一處重要的觀光景點。老樹周圍許多餐廳、商店都靠老樹來吸引遊客維持生計，所以對老樹愛護備至。

❶「五福臨門神木」共有樟、楠、朴、榕、相思五種樹環繞而生。（1997.09）

靶場內的大樟樹

樹　高	21公尺
樹　徑	1.5公尺
樹　齡	約350年

▶地理位置

太平市興隆里光興路興坪巷，車籠埔軍營靶場內。

此樹位於靶場內，由於地處開闊，枝條能順利向外擴展，高大挺拔，枝葉茂盛，是當地的七星樹之一。

由幹基向上3公尺處分為十數支粗大分枝，長滿許多抱樹石葦、槲蕨、崖薑蕨等附生植物，樹蔭十分寬廣，正好庇蔭辛苦的阿兵哥。樹下設有三圈水泥圍牆以保護，樹前有一簡易的福德正神廟供民眾參拜。

⬆ 樹形極美的車籠埔大樟樹。（1995.07）

⬆ 大樟樹上附生多種蕨類，樹頭並設有簡易福德正神廟。（1997.08）

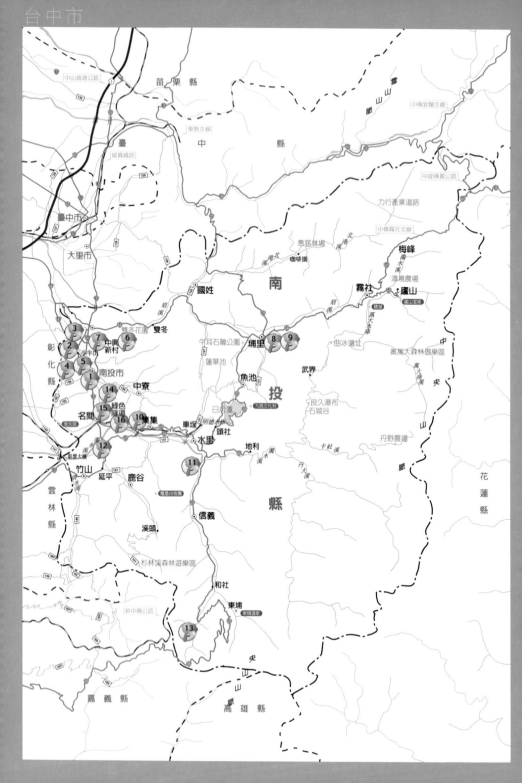

南投縣的老樹

　　南投縣境內多山，且開發較晚，所以仍保留豐富的天然資源。境內有許多優美的自然遊憩區，觀光業發達，是中部重要的休閒遊憩區域。921集集大地震雖然帶給南投縣極為嚴重的災害，經過幾年的休養生息，已逐漸恢復往日舊觀。

　　南投縣境內分佈許多台灣罕見的優美老樹，據統計境內共有159棵百年以上的老樹，樹種有榕樹、茄苳、樟樹、楓香、芒果、雀榕、九丁榕、台灣梭欏樹、肖楠、朴樹等種類；其中埔里鎮同聲里的老茄苳、信義鄉神木村的老樟樹、南投市八卦路的緬梔都是在同種類中全台最老的一棵，彌足珍貴。

1　飼養松鼠的老榕樹……270
2　八卦山區最大樹……272
3　見證先祖開發歷史的老「番花」……274
4　福山里荔枝腳老荔枝樹……276
5　南岡工業區內的老樟樹……278
6　樟元真君、七股神木……280
7　樹勢已衰弱的老茄苳……283
8　台灣最老的茄苳樹王公……285
9　枇杷里老茄苳……288
10　集集鎮大眾爺祠大樟樹……290
11　永興村大樟公……292
12　曾經救人的老茄苳……294
13　台灣最大也最長壽的闊葉樹……296
14　崁斗神木、仁和大樟公……299
15　茄苳公與茄苳婆……301
16　集集樟樹綠色隧道……304

❶ 縣政府將水泥挖開，舖設連鎖磚舖面，除了有助老樹根部呼吸、透水外，對景觀的整理也大有助益。（2001.10）

飼養松鼠的老榕樹

樹 高	15公尺	
樹 徑	1.8公尺	
樹 齡	約120年	

▶ 地理位置

南投市康壽里彰南路二段三角公園內。

　　這棵樹的枝葉茂盛，分成十餘枝碩大的主幹。據傳聞這棵老樹是在日治時代，約90多年前，從現在南投縣稅捐稽徵局現址移植過來的。在10多年前，當地居民利用竹筒，內裝培養土導引氣

生根形成許多支持根。

　　老榕樹所在的三角公園爲南投老人會館所在地，大樹下裝設了許多桌椅提供老人聚集、下棋、聊天的場所，所以老榕樹備受老人們的喜愛；愛屋及烏，在樹上居住的幾隻赤腹松鼠也成了老人飼養的寵物，老人們常在樹頭放置水果、餅乾，吸引松鼠前來取食，人與動物和諧的共同生活在這棵老樹下。

　　原先樹下是舖設水泥地，景觀十分雜亂，後來縣政府將水泥挖開，舖設連鎖磚舖面，除了有助於老樹根部呼吸、透水，對景觀的整潔也大有助益。

● 老人常將水果、食物放在樹枝分叉處，餵養住在樹上的松鼠。（2001.10）

● 樹下原先是舖設水泥地，景觀十分雜亂。（1995.08）

〔台灣鄉間老樹〕

❶ 老樟樹位於八卦山脈稜線上，氣勢極為雄偉壯觀。（2003.06）

八卦山區最大樹

樹　高　　25公尺
樹　徑　　2.1公尺
樹　齡　　至少250年

▶ 地理位置
南投市鳳山里八卦路尾。

　　八卦台地位於中部平原大肚溪與濁水溪間，跨越彰化與南投縣，為台灣最年輕的山脈。這棵老樹是整個八卦山區最大的一棵。老樹長得粗壯異常，由山坡下仰望，氣勢極為宏偉開闊。

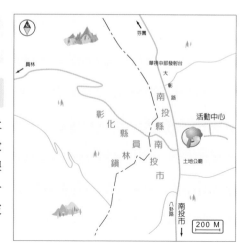

由於地處山頭，南投縣政府為老樹豎立避雷針，後又因有許多民眾來老樹下乘涼，所以在老樹的樹頭設立木板平台、桌椅供民眾休憩使用，現因腐朽而拆除。

　　該地原來遍佈大片樟樹林，故舊名樟普寮，於日治時代曾大量砍伐製樟腦。當時擔任砍伐工作的

⬆ 老樟樹原先並無休憩設施，根系因雨水沖刷而有裸露的現象。（1995.05）

腦丁看到這棵老樹時，因畏懼老樹「樹大有神」，而不敢妄下斤斧；而且這棵老樟樹位在土地公廟後面，人們亦有畏懼神明的心態，使得讓這棵老樹得以倖存，為過往歷史作見證。

⬆ 縣政府為了防止老樹樹頭的泥土不斷被踩壓硬化，所以在樹頭設置木板平台、座椅供民眾休憩，現因腐朽被拆除。（2000.09）

① 老樹曾經倒伏後又重新爬起往上生長。緬梔的枝條軟脆，能生成如此粗的樹幹實在罕見。　（2001.12）

見證先祖開發歷史的老「番花」

樹　高　約5公尺
樹　徑　約1.3公尺
樹　齡　約200年

▶地理位置

南投市鳳山里八卦路大樟樹不遠處。

　　這棵老樹是台灣最大的緬梔（雞蛋花）。老樹在多年前被風吹倒，匍匐生長約4公尺後，重新直立。

　　緬梔為外來種，所以當地百姓稱為番花，屬於夾竹桃科，枝

發現台灣老樹

幹有白色乳汁，開花中黃外白，很像打破的雞蛋，所以又名雞蛋花。這種樹生長雖然很快速，但枝幹相當脆弱，很容易折斷，所以能長成這樣大的老樹實屬不易。一般而言，除榕樹外，老樹多屬於枝幹強健、堅硬的樹種，枝幹不易腐朽，這棵緬梔老樹在老樹群中算是相當獨特的。

該處是藍姓宗親聚居之處，相傳該株緬梔是由開墾先祖栽植，所以老樹生長的地方就劃為宗族公有地，未經宗親會同意，不得任意處置老樹。

老樹樹幹糾結成許多大大小小的樹瘤，造型極美，成為許多園藝業者覬覦的目標。但是老樹因為位於農田邊緣，雜草叢生，無人照顧，老境淒涼；加以樹幹腐朽嚴重，昆蟲侵入寄生，若不加以維護整理，可能難逃厄運。

❶ 老樹在枝條頂端仍能開出美麗的白色花朵，花朵中心為黃色，周圍白色，很像打破的雞蛋，所以又名雞蛋花。
（1995.08）

⊕ 從大路旁的鳳梨田望去，老荔枝樹極為高聳醒目。（2003.06）

福山里荔枝腳老荔枝樹

【最大的一棵】

樹	高	25公尺
樹	徑	約1.3公尺
樹	齡	約200年

▶ 地理位置

南投市福山里八卦路 686巷63弄59號，施姓宗族私有土地中。

台灣有許多地名都與老樹相關，像是最常見的茄苳腳、楓樹湖、榕（松）仔腳等，而南投市福山里荔枝腳則是以4棵巨大的老荔枝樹命名。

荔枝原產於大陸廣東、福建一帶，在台灣栽培的歷史始於明末，台灣的種苗多數由移民從大陸帶來。這4棵老樹位於施姓宗族聚居處，與鹿港施姓同宗，相傳該處老荔枝為300年前，清朝施姓先祖渡海來台時由大陸帶苗種植於此，當初共植10餘棵，現尚存4棵，生長相當良好，枝葉互相交錯。

這4棵老樹中最大的一棵，可與彰化縣二水的荔枝王相媲美，二水荔枝王高大粗壯；南投市老荔枝更顯老態，各具特色。

南投市公所將老樹規劃為觀光景點，為老樹噴藥並設立避雷針，假日遊客絡繹不絕。

在老荔枝樹前方50公尺的土地廟前有另一棵大榕樹，約有百年歷史，長的十分高大，可以順道參觀。

❶老荔枝樹除了一棵樹幹中央腐朽之外，其餘3棵都生長的極為粗壯健康，每年仍會結果，老樹不是改良的品種，果實較小，也較酸。（2003.06）

❺4棵中最為粗壯的老樹胸徑在1.3公尺左右，可與彰化縣二水荔枝王相媲美。（2003.06）

❶ 老樟樹位於小山坡上，枝葉十分寬廣，有兩枝大枝匍於地面，生根後又起，狀若蛟龍。（2001.08）

南岡工業區內的老樟樹

樹　高	25公尺
樹　徑	1.9公尺
樹　齡	約300年

▶ 地理位置

南投市南岡工業區內，位於南崗路三段
樟樹園內。

當初中華顧問公司規劃南岡
工業區時，在地方人士大力要求
下順應民意，將該棵具有神性的
老樟樹保存下來，並規劃樟樹園
供民眾休憩使用，同時在老樟樹

的樹上設立避雷針，在樹頭建圓形護牆保護，並設福德祠供民眾參拜，為工業開發與保育並存，立下一個良好的範例。

老樟樹上的樹洞中曾有野蜂築巢，在福德祠前方有兩枝幹於颱風時被吹倒匍匐於地上，由接地處重新生根，猶若遊龍；側方一枝枝幹已經腐朽中空深入樹幹中，必須即早防治，否則腐朽繼續擴大，會危及樹體。

● 老樹為側向生長，樹幹基部極為粗大。（1997.09）

● 縣政府為老樹加裝避雷針，村民為老樹纏上紅布以示尊崇。（2002.12）

● 七股神木周遭環境幽雅開闊，後方「樟元真君祠」祭拜老樹，遊客前來參拜，絡繹不絕，是草屯觀光勝景之一。 （2001.12）

樟元眞君、七股神木

樹 高	30公尺
樹 徑	2.4公尺
樹 齡	約400年

▶ 地理位置

草屯鎮坪頂里七股庄的果園中央。

　　草屯鎮坪頂里爲一台地，海拔約340~380公尺，當地在乾隆時代由7位先民在此開墾，故又稱爲七股。

　　這棵巍峨的老樟樹是當地的地標，當地人尊稱爲樟樹公，又

● 老樹田地際5-6公尺處分為
兩大主幹,樹勢強盛,生長
情況極佳,在台灣很少見到
如此高大又健康的老樹。
(1997.06)

稱爲七股神木，爲地方上的守護神。早年七股庄內各戶人家都要輪流替老樹打掃環境及上香；地方人士在老樹後方建有「樟元眞君祠」祭拜老樹，當地許多民眾都將小孩拜老樹爲義子，以祈求順利長大。

老樟樹生長於果園中央，四周留有相當寬闊的廣場，非常高大挺拔；由主幹分生出兩支粗大的枝幹，枝條伸展非常開闊，廣達數百平方公尺，由樹前的廣場望去更顯巍峨，氣勢逼人；雖然部分枝條有眞菌侵入而略有腐朽，但整體而言仍非常健康，一點不顯老態。

民國79年南投縣生態保護協會向農林廳請求專款補助75萬元，在老樹邊建立36公尺高的避雷針以防雷擊，並在老樹周圍建造紅磚護牆，其內鋪沙以保護老樹，同時設立「碑誌」一座，對於老樹的保護相當完整而周到。

🌀 民國79年所設碑誌。（1997.06）

🌀 老樹全貌，氣勢極為宏偉壯觀，令人感動。（1997.06）

● 老茄苳樹緊鄰中興醫院，樹勢已經衰老，部分末稍枝條已經枯死斷落。（1997.06）

樹勢已衰弱的老茄苳

樹　高	14公尺	
樹　徑	1.5公尺	
樹　齡	約350年	

▶地理位置

草屯鎮中興新村環山路中興醫院宿舍旁。

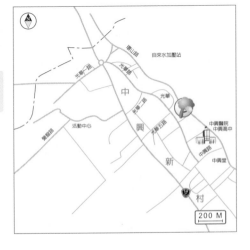

生物皆有生死，老樹也不例外。這棵老茄苳樹，就因年事已高而逐漸衰亡。

這棵老樹的樹幹雖然粗大，但枝條伸展的範圍並不廣，末稍

也有枯死現象，可見老樹吸收水分及運輸能力都已衰退。樹幹上已有白蟻侵入築巢，造成樹幹不斷縱向剝落。

　　由於附近住戶多爲公教人員，對老樹並未特別祭拜，但附近居民對老樹倒是照顧倍至，在樹頭附近做圈圍灑上碎石以方便透水，期待有朝一日老樹能重獲生機。

● 老茄苳樹的主幹仍然相當粗大。（1997.06）

● 老茄苳樹另一側樹幹可明顯看出腐朽剝落的痕跡。（1998.05）

❶ 921大地震後，老茄苳安然無恙，但樹前的小廟已被震垮。（2001.08）

台灣最老的茄苳樹王公

樹　高	17公尺
樹　徑	4公尺
樹　齡	約有1200年

▶ 地理位置

埔里鎮同聲里隆生路興南宮內。

　　這棵老茄苳是台灣現今已知最長壽的一棵，據台灣大學路統信先生用生長錐鑽取木心，估計有1200年之久。同聲里舊名「茄苳腳」，即以老茄苳樹爲地名。

↑ 921大地震前的老茄苳與老樹前的興南宮。（1997.12）

　　茄苳為雌雄異株，據記載這棵老茄苳為雄性。每年農曆8月7日老茄苳過壽，都會有大規模的廟會活動。這棵老茄苳由寺廟管理委員會牽成，與屏東里港保安宮的茄苳尊神、彰化縣埔心鄉茄苳公、台中市中港路中山醫院旁的茄苳樹公互相結拜，過壽時信徒都互有往來。

　　老茄苳因年代久遠，粗壯的樹頭已經中空，枝幹也曾被颱風吹斷。當地人尊稱為「茄苳樹王公」，愛護備至，為老樹墳土及架設支架，縣政府並為老樹架設避雷針及護牆，現在由興南宮管理委員會管理。興南宮於921大地震中傾倒，獨留老樹孤立在民宅中央，晚境淒涼。

⊕ 老茄苳主幹極為粗大，中央部分已經腐朽。（1997.12）

⊕ 老樹旁「老神在在」石碑。（1997.12）

⊕ 樹前石碑記載台灣大學路統信教授推測老樹年齡已有
1200年之久。（1997.12）

● 茄苳老樹生長的高大挺拔。（2001.08）

枇杷里老茄苳

樹 高	約25公尺
樹 徑	2.3公尺
樹 齡	約400年

▶ 地理位置

埔里鎮枇杷里枇杷路慈恩社區，保力達蠻牛飲料工廠旁的德正宮旁。

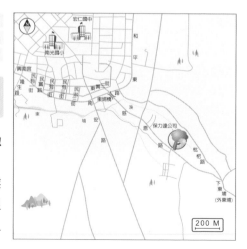

埔里鎮地靈人傑，為台灣地理中心，設有台灣地理中心碑。早年盛產蝴蝶，蝴蝶裝飾加工業曾經盛極一時，同時以水質優良聞名全台，埔里酒廠及一些私人

飲料公司即看準這點而在此設廠，
同時也因此盛產茭白筍。

這棵高大粗壯的茄苳老樹生長
的相當茂盛，生長的地方原來有一
股泉水，早年在樹頭根部曾有石頭
砌成的小土地公廟，十餘年前再由
村民擴建為德正宮。縣政府為老樹
建立圍籬，並豎立避雷針以防雷
擊。平日香火不斷，尤其土地公生
日及8月半時村民都會來祭拜土地
公。

⬆ 茄苳為半落葉樹種，冬季落葉時枝葉扶疏。（1994.12）

⬆ 枇杷里茄苳老樹與德正宮，夏季時枝葉茂盛。
（2001.08）

⬆ 茄苳樹的樹頭非常粗大。（2001.08）

⊕ 大眾爺廟旁的大樟樹是集集重要的旅遊景點，也是當地民眾信仰中心。（2001.12）

集集鎮大眾爺祠大樟樹

樹　　高	約30公尺
樹　　徑	1.75公尺
樹　　齡	約400年

▶ 地理位置

集集鎮和平里中集路，「大眾爺祠」旁邊。

集集鎮是中部地區假日旅遊重地之一，有台灣特有生物研究保育中心豐富多樣的展示館，可瞭解台灣自然保育的現況，也可租輛腳踏車暢遊集集鎮內觀光景點。集集鎮參觀的重點除了集集

火車站、樟樹綠色隧道外，這棵位於大眾爺祠旁的樟樹也列為參觀據點。

老樟樹周圍腹地開闊，生長良好。當地流傳老樟樹在日治時代原要砍伐做樟腦，但因工人腹痛不止而免遭斤斧之禍，當地人認為老樹具有神性，尊稱它為樟樹公。「大眾爺祠」原是祭祀清朝道光年間剿平番亂而陣亡的軍人，現在樟樹公與大眾爺的神位共同祀奉於廟中，由大眾爺祠管理委員會照顧，除了在樹頭周圍建護欄外，並在老樹樹幹建造水泥支柱支撐。老樟樹枝葉寬廣，村民常將村中運勢與老樟樹結合，認為每逢老樟樹大枝斷落即表示不吉或有兇兆。

🔹 在樟樹樹洞中的蜂巢。（1995.07）

筆者曾在一次調查時巧遇一支大枝斷落，檢視發現是真菌侵入樹體造成腐朽，日久菌絲會擴大侵害的範圍，亟應及早診治。

🔸 老樟樹略微傾斜生長，所以在樹幹下豎立水泥支柱支撐。（2001.12）

❶ 老樟樹全景，位於活動中心旁，生長的高大茂盛。（1995.06）

永興村大樟公

樹　高　20公尺
樹　徑　1.6公尺
樹　齡　約250年

▶地理位置

水里鄉永興村林朋巷，永興社區活動中心外。

水里鄉永興村地處偏僻，正好位於濁水溪與其支流陳有蘭溪交界處，所以永興村對外交通主要靠橫跨濁水溪的永興橋與外界聯繫。

這棵老樟樹由於年代久遠，當地人供奉為神樹，在樹頭設立「大樟公神祠」與土地公廟共同祭祀，兩者共同為永興村居民祭祀和信仰中心。附近居民輪流來打掃環境並上香，在老樹周圍設立欄杆維護。

老樟樹周圍開闊，樹冠呈圓頭形，生長的相當健康，沒有明顯的病蟲傷害，而且由地際生長出三大主幹。

↑ 老樟樹由地際分為三大主幹。（2001.08）

⬇ 老樟樹與樹前小廟。（2001.08）

〔台灣鄉間老樹〕

🔼 從附近農田望去，老茄苳好像一把綠色華蓋。 （2001.08）

曾經救人的老茄苳

【最老的茄苳樹】

樹 高	20公尺
樹 徑	1.8公尺
樹 齡	約300年

▶ 地理位置

竹山鎮中和里中和路39號後方廣場內。

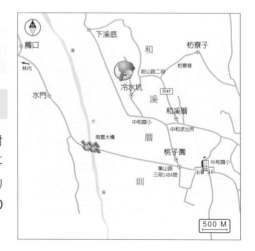

　　這個廣場內有兩棵老茄苳樹及一棵老芒果樹，最老的老茄苳樹樹齡約300年，並生在一起的茄苳與芒果樹樹齡約100~150年。

發現台灣老樹

老茄苳被村民視為神樹祭拜，是地方上重要的守護神。當地耆老相傳，距今40餘年前八七水災，附近濁水溪溪水暴漲，造成居民流離失所，一些村民爬上老樹而獲救，所以更加受到村民的敬重，在樹前建「茄苳公廟」祭拜，建廟當時的縣長吳敦義先生還致贈匾額。

每年農曆5月10日是老茄苳的壽誕，村民都會來祭拜，並演戲酬神。老樹由附近居民整理得相當清潔，同時設置兩排座椅。農村生活步調較慢，生活比較悠閒，夏日午後，許多老人家不約而來，是當地居民極佳的休閒聊天處所。

● 老茄苳的主幹非常粗大，村民並設立圍籬加以保護。（2001.08）

● 黃昏時，老樹下是最佳的休閒聊天場所。（2001.08）

台灣最大也最長壽的闊葉樹

樹　高	50公尺
樹　徑	5公尺
樹　齡	1200～1500年

▶ 地理位置

新中橫公路經東埔至信義鄉神木村。

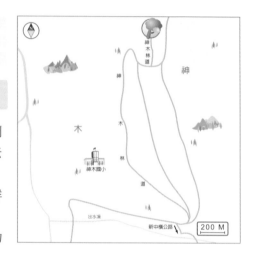

　　這棵樟樹是台灣最大、名列台灣十大神木之一的老樟樹。老樟樹樹身高聳黝黑、蒼勁挺拔，與附近樹木比較，更有鶴立雞群之感。

　　老樟樹樹上長了許多附生的

⬇ 萬年神木樟樹公是台灣最大的樟樹，樹幹高聳挺拔。（2000.08）

發現台灣老樹

❶ 賀伯颱風時，土石流從神木下沖過，將廟宇與植草磚鋪面完全破壞，但老樹仍然安然無恙。（2000.08）

蕨類，在接近樹頂有一棵附生的雀榕，其氣生根長達數十公尺，可能要經過上百年的時光，才能從樹頂伸延到地面，蔚爲奇景。老樟樹曾經遭受蟲害造成大量落葉，恐有枯死的可能，但終能回復生機。

神木村居民極爲尊重這棵老樹，尊稱爲萬年神木樟樹公。村民爲老樹建廟祭祀，並成立「萬年樟樹公管理委員會」負責老樹的清潔及保護工作，並在老樹周圍設置圍籬，在前方地面鋪設植草磚，以免土壤被遊客壓實而妨礙老樹根部呼吸。

在日治時代，神木村附近樟樹很多，伐製樟腦業很興盛，現在神木村的居民多數是當時前來製腦的工人（腦丁）後代。爲求製腦平安順利，也希望這棵大樟樹能庇蔭地方，所以將這棵樟樹保留祭拜。現在每年農曆端午、7月15日、過年都會給老樹舉行祭拜儀式。

老樹雖已有千餘年的高壽，但仍極爲健旺。神木村經過921大地震後土石鬆軟，賀伯颱風造成土石流的衝擊，汽車大小的巨石從樹下衝過，將老樹附近的廟及旁邊民舍完全沖毀，但老樹幸得無恙，可見其紮根之深，亦可見證樹木實爲山坡地水土保持不可或缺的一環。

⬆ 921大地震前，大樟樹是神木村最重要的景觀點，遊客絡繹不絕。（1995.12）

⬆ 在老樹旁由林務局及台大實驗林管理處醫立的解說牌。（1995.12）

發現台灣老樹

⬆ 筆者初次探訪時，老樹因地處偏遠，高聳入雲，四周景色極為自然。（1994.06）

崁斗神木、仁和大樟公

樹　高　30公尺
樹　徑　1.9公尺
樹　齡　約200年

▶ **地理位置**
名間鄉仁和村仁和路番仔寮崁斗山頂，
產業道路邊坡下方。

崁斗山頂地處偏遠，周圍景
觀極為自然。當地人尊稱這棵大
樟樹為「崁斗神木」，又稱為
「仁和大樟公」。老樹分為兩枝，
高聳入雲，樹勢健旺。

日治時代附近山區建有
「樟腦寮」砍伐樟樹以製腦，鄰
近的樟樹都被砍伐一空，只有
這棵老樹因為具有神性而被保
存下來，現在村民在樹頭建有
小廟定時祭拜。

　　一般樹木隨著年齡增長，
生長勢會逐漸減慢，枝幹會由
垂直而朝向45度甚至橫向生
長，樹幹也會逐漸減慢生長。
但這棵老樟樹雖然年歲已高，
但主幹與分枝仍以相當垂直的
角度向上生長，分枝末稍長滿
翠綠的樹葉。以老樹猶如壯年
期的健康情況來看，應該會繼
續茁壯生長。

⬆老樹粗大的樹幹，村民也繫上紅布表示尊崇。（2001.08）

⬅後來村民在老樹下搭建鐵皮屋頂，設供桌祭拜。（2001.08）

❶茄苳公緊鄰員集路邊，枝葉相當茂盛。（1992.10）

茄苳公與茄苳婆

【茄苳公】

樹　高	約20公尺
樹　徑	1.9公尺
樹　齡	400年

【茄苳婆】

樹　高	約20公尺
樹　徑	2.1公尺
樹　齡	400年

▶ 地理位置

名間鄉濁水村員集路上，茄苳公在員集
路34號，茄苳婆在員集路1-4號。

【台灣鄉間老樹】

這兩棵茄苳老樹相距約300公尺。茄苳樹屬於大戟科，爲雌雄異株，這兩棵茄苳正好一公一雌，所以當地民眾稱這兩棵樹爲茄苳公及茄苳婆。

當地民眾對茄苳公相當敬重，常將小孩送來拜茄苳公成爲其義子，以祈求庇佑。村民於茄苳公樹頭集資建濁水茄苳神木祠，又稱茄苳公廟。每年農曆元月15日，村民會固定爲老樹祭拜，至於茄苳婆雖有人祭拜，但往往只在樹頭插幾柱香，場面比茄苳公就簡單了。不曉得這算不算是不是另一種男女不平等！

茄苳婆距茄苳公300公尺，位於道路急彎處，生長情況較佳。（1992.10）

兩棵樹都有護牆保護，但也都面臨生存危機。茄苳公樹幹上有雀榕附生纏繞，緊密的氣生根將老樹緊緊纏勒；雖然後來將附生的雀榕去除，但老樹已經元氣大傷，加以附近都被水泥包圍，呼吸困難，比10年前筆者初次探訪時的樹葉稀疏很多，希望能將附近的水泥挖開，給老樹多一點的生存空間。至於茄苳婆的生長狀況則有相當不錯，但該處道路爲急彎，常出車禍，故有人提議將茄苳婆移走，將道路拓寬，老樹重要還是人命重要，到時必然還有一番爭議。

茄苳公樹頭由南投縣政府設立解說牌，旁邊則有當地民眾建的茄苳公廟。（1992.10）

發現台灣老樹

❶ 茄苳公的樹幹被雀榕附生緊緊櫃勒，
去除後已元氣大傷。（1992.10）

❶ 集集綠色隧道緊鄰火車鐵軌，景色宜人，假日遊客如織。（1998.06）

集集樟樹綠色隧道

樹　高	20公尺
樹　徑	0.6公尺
樹　齡	64年

▶ 地理位置

台16線集集往濁水方向的道路兩邊。

集集鎮有名的觀光景點除了小火車外，就是台16線集集往濁水方向，道路兩邊的樟樹綠色隧道。綠色隧道起自名間鄉濁水、終點為集集鎮林尾里，全長約3,000公尺。

老樟樹係日本昭和16年（西元1941年），日本政府為紀念日本紀元2600百年，發動當地居民義務勞動所種植，樹齡已有64年。當地耆老仍記得當時附近住戶必須種植一定的樹苗並且照顧成活。

　　當時分別在濁水往隘寮段、濁水往二水段，以及名間往南投新街段共三處種植樟樹行道樹，如今只留下隘寮段和二水段老樟樹，尤以隘寮段最為茂密，道路兩側向中央合攏形成圓拱形，假日遊人如織，是台灣最有名的綠色隧道。

　　以前南投到名間的台三線道路也有樟樹的綠色隧道，但在民國73年時，因為道路拓寬而砍伐了506棵當時樹齡已達43年的樟樹。政府現在推動921災區社區重建計畫，當地民眾更主動組成「南投縣集集綠色隧道文化觀光促進會」推動集集鎮觀光事業的發展。

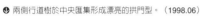
⬇ 兩側行道樹於中央匯集形成漂亮的拱門型。（1998.06）

南投縣

〔台灣鄉間老樹〕

臺
灣
海
峽

大肚溪口

中彰大橋

烏溪

新港

伸港

線西

和美

道東書院

鹿港

福興

秀水

彰

化

縣

埔鹽

溪湖

草湖

二林溪
芳苑工業區

芳苑

二林

竹塘

大城

坤頭

溪洲

內新

水尾

西螺大橋

西螺大橋

中沙大橋

臺中市

八卦山

快官

八卦山遊樂花園

花壇

三春

芬園

大村

員林

玫瑰花推廣中心

埔心

永靖

社頭

碧山岩

百果山登山步道

田尾花園公路

田尾

北斗

北斗花卉推廣中心

長青自行車道

田中

田中鼓山寺

內灣

二水登廟步道

碧雲禪寺

二水

彰雲大橋

南
投
縣

南投市

雲

林

縣

斗六市

1 **2** **3** **4** **5** **6** **7** **8** **9**

彰化縣的老樹

　　經民國83年當時省政府農林廳的調查，彰化縣境內的百年以上的老樹共有101棵，樹種有榕樹、芒果、樟樹、朴樹、木棉、刺桐、榔榆、龍眼、黑板樹、象牙樹、雀榕、楓香等13種。本書挑選其中較有特色的幾棵老樹供讀者欣賞。

1　茄苳路的茄苳王公……308
2　古蹟中的老樹……310
3　全台最大的榔榆……312
4　埔心鄉茄苳公……314
5　清朝大樹茄苳祖……316
6　濁水溪岸邊的老榕樹……318
7　台灣最美的三春老樹……320
8　台灣最大的荔枝老樹……322
9　木麻黃綠色隧道……324

❶ 老茄苳樹勢已弱，尚留一支較小的主幹存活，分出的細枝也無法伸展，可見吸水能力已經減弱。（1997.05）

茄苳路的茄苳王公

樹 高	約12公尺
樹 徑	約2.3公尺
樹 齡	約300年

▶ 地理位置

彰化市茄苳里茄苳路。

　　茄苳里舊稱茄苳腳，因為當初先民聚居於老茄苳樹附近而得名。當地居民尊稱這棵老樹為為茄苳王公。老茄苳庇佑鄉里，居民在茄苳樹下蓋有茄苳公廟祭拜，並為老樹圈圍以保護。許多

發現台灣老樹

小孩都拜老樹爲契子，也有鄉民祈求老樹嫩葉治病，每天下午更有許多老人來樹下聊天、下棋。居民每年8月14日會爲老樹做壽誕，村民都會請戲班唱戲謝神。

　　老茄苳雖然備受尊崇，但也受到許多人爲的破壞。老茄苳在地際分爲兩大主枝，其中較大的一枝在多年前因燒香不愼而焚燬，現存較小的一枝樹頭也已經腐朽，但在村民細心的照顧下，應可安享天年，免受刀斧之災。所謂「人怕出名，豬怕肥」，老樹有知，不如是否也爲自己遭祝融之災的命運而感嘆。

⊕ 老樹較早前曾經遭受火劫，其中一隻主幹被焚燬，仍留下焦黑的餘燼。（1997.05）

⬆ 位於文開書院後方左側的象牙樹。（1993.10）

古蹟中的老樹

樹 高	7公尺
樹 徑	0.3公尺
樹 齡	約150年

▶ 地理位置

鹿港鎮街尾里文開書院中庭後方。

鹿港鎮為台灣古城之一，文化氣息濃厚，鎮內古蹟很多，同時也保存了許多百年老樹，其中以榕樹最多。位於文開書院的這兩棵象牙樹是比較特殊的老樹樹種。

這兩棵象牙樹因位於古蹟中所以受到很好的照顧，樹下都用六角形的磚砌矮牆保護。象牙樹屬於柿樹科，是台灣原生樹種，樹幹呈黑褐色，生長緩慢，木材極為緻密，為黑檀木的一種，是非常高貴的雕刻木材。象牙樹樹形優美，現在園藝栽培的量很多，通常當成庭園樹使用。

❶ 位於右側的另一株象牙樹，兩棵老樹不很粗壯，猶如特大號的盆景。（1993.10）

❶ 這棵台灣最大的櫸榆長在道路旁邊，周圍都被水泥圈圍。（1995.10）

全台最大的櫸榆

樹　高	9公尺
樹　徑	1.3公尺
樹　齡	約300年

▶ 地理位置

芬園鄉中崙村大彰路101巷內。

　　這棵老樹是台灣最大的櫸榆老樹。該村居民多姓許，這棵櫸榆即位於許氏宗祠對面，樹體健康，從上端分為兩大主幹，但樹幹基部已經有白蟻侵入。並沒有祭拜的行為。

櫸榆通常爲灌木狀，生長緩慢，在園藝上經常做爲盆景的材料。櫸榆與台灣櫸木甚爲類似，但是枝條爲下垂性。這棵櫸榆當初即被誤認爲櫸木，彰化縣政府爲老樹所設立的解說牌也誤植爲櫸木，後經台灣大學廖日京教授重新鑑才定確認爲櫸榆。

⬇ 由於根系無法伸展，部分枝幹已經腐朽，生長受限。（2000.08）

【台灣鄉間老樹】

313

● 老樹的樹冠雖然不大，但樹幹卻異常粗壯，生長環境尚佳。（2000.06）

埔心鄉茄苳公

樹　高	18公尺	
樹　徑	3.2公尺	
樹　齡	約300年	

▶ 地理位置

永靖鄉永靖國中前的多福路往埔心鄉方向約一公里處左手邊（在永靖國中的圍牆邊也有一棵百年老茄苳樹，可順道一訪）。

　　村民尊稱這棵老樹為茄苳公，為老樹安裝避雷針，並在樹前蓋茄苳公廟祭拜。每年農曆8月15日老茄苳過壽，是一年最熱鬧

的時候。各地的契子（養子）都會回來替老茄苳做壽拜拜，祈求來年平安。

　　這棵老樹生長的極為粗壯，據當地居民表示，這棵老茄苳的母幹已經腐朽，現在長出的是由根際萌發的二代木。由老樹二代木粗大的樹幹及原始主幹已腐朽，遭到白蟻侵入的情況看來，可以看出老樹年代已相當久遠，應適當給予醫護，以免腐朽範圍繼續擴大。

⬆ 在樹頭由村民設立的茄苳公廟，可見老樹受到村民的敬重。（2000.06）

⬇ 老樹原來的樹幹位於左方，枯死後由右邊基部重新萌發新主幹，形成新舊主幹並存。（1996.12）

⬆ 老茄苳地處偏僻，無人打擾，生長的非常粗壯挺拔，樹上還設有避雷針以防雷擊。 （1995.08）

清朝大樹茄苳祖

樹 高	25公尺
樹 徑	1.6公尺
樹 齡	約250年

▶ 地理位置

田尾鄉南曾村光復路二段481巷37號，張姓人家的私人土地上。

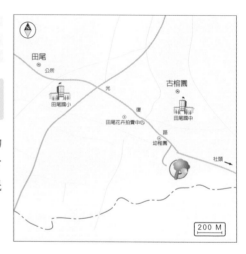

老茄苳高大雄偉，樹勢蒼勁開闊，枝幹密生，生長情況相當良好，夏季樹下甚為陰涼，居民在老樹下擺置石桌椅供休憩。

老樹地處偏僻，少有人跡，

發現台灣老樹

傳聞是由先人為了風水問題而種植的。庄內居民為老樹立了一座「清朝大樹茄苳祖」的牌位，並設有香爐定時祭拜。

⊕ 彰化縣部分愛樹人士探訪老樹之旅在樹下合影。（2001.12）

⊕ 老茄苳位於私人土地，地主在樹頭設立「清朝大樹茄苳祖」的牌位，可謂名符其實。（1998.12）

彰化縣

［台灣鄉間老樹］

317

● 原先老榕樹周圍都為水泥化，後來改為透氣、透水性較佳的高壓水泥連鎖磚。 （1999.08）

濁水溪岸邊的老榕樹

樹　高	18公尺
樹　徑	最粗達3.5公尺
樹　齡	約100年

▶ 地理位置

竹塘鄉田頭村光明路濁水溪堤防下。

這棵百年老榕樹的樹幹分為多枝，犬牙交錯，錯綜複雜，整個枝葉覆蓋面積達兩分地，從濁水溪堤防上望去像一片綠色的長城。

發現台灣老樹

318

老榕樹因為在濁水溪的氾濫區內，經常遭水衝擊浸泡，所以生長寬闊低矮以利固持，表現出其強韌的生命力。

　　老樹原本人跡罕至，後有民眾至樹下供奉廖千歲、佛祖、樹公，現已成為觀光景點，假日遊人如織，當地居民也成立「樹公管理委員會」負責老樹清掃、祭拜等事宜。

🔺 在樹頭設置祭壇供奉老榕樹，但整日焚燒金紙，對於老樹也是傷害。（1994.08）

🔻 老榕樹位於濁水溪堤岸邊，佔地寬廣，還設有避雷針。（1994.08）

🔺 在老樹周圍設置廊架以支撐枝葉，同時提供座椅供前來欣賞的民眾休憩。（1999.08）

● 老茄苳位於花壇鄉與大村鄉交界處，地處農田間，視野非常開闊。（1998.06）

台灣最美的三春老樹

樹　高	12公尺
樹　徑	1.2公尺
樹　齡	約100年

▶ 地理位置

大村鄉與花壇鄉交界處，茄苳農路上。

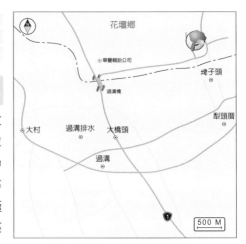

　　這棵老茄苳樹年齡雖不算大，也未列入珍貴老樹保護名單內，但老樹高高矗立於農田中央，視野極為開闊，又無電線等人工化的污染，各種角度都極美，尤其冬季稻田中黃色的油菜

花配上湛藍色的天空，是攝影家的最愛！曾有攝影家為這棵老樹拍出一系列春、夏、秋、冬、白天、夜晚的作品。在彰化縣老樹攝影比賽的作品中這棵老樹即佔有三成以上的比例，報紙曾將這棵老樹譽為台灣最美的老樹。只可惜在樹身上被人刻上許多到此一遊的破壞痕跡。

此處因為老樹而稱茄苳腳，農道也稱為茄苳農路。在老樹旁100公尺處有一向日葵花園，造訪老樹可以順道前來欣賞向日葵花田的美姿。

● 老樹樹幹上仍留存許多人為破壞的痕跡。
（1995.06）

● 茄苳樹的枝幹糾結，又無電線等干擾，姿態極美。 （1995.09）

↑ 彰化縣政府邀請翁金珠縣長為老樹辦活動後，附近環境已清理得相當整潔。 （2002.09）

台灣最大的荔枝老樹

樹　高	約15公尺
樹　圍	4.7公尺
胸　徑	1.5公尺
樹　齡	約有200年

▶ 地理位置

彰化縣二水山腳路一段184號後山的私人果園內。

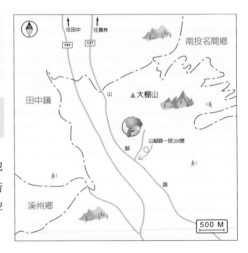

　　荔枝原產於中國大陸南部地區，荔枝樹為常綠灌木或小喬木，能生長為大喬木的極為罕見。

發現台灣老樹

台灣栽培荔枝的歷史甚早，這個果園內有數棵老荔枝樹，其中最大一株爲台灣現存最大的荔枝老樹。

　　該棵荔枝老樹生長十分健旺，荔枝樹的主人對老荔枝樹甚爲愛護，原本不願讓老荔枝樹曝光，以免招致無謂的麻煩。筆者初次探訪時，該株老樹混雜在眾多果樹之間，悠然自得，怡享天年。但經報紙媒體報導後，知名度大增，號稱荔枝王，彰化縣農業局還邀請縣長爲老樹辦活動，並爲老樹立牌紀念。出名後的老樹遊客漸增，對老樹是福是禍，猶未可知。

❶ 該處荔枝老樹群中另一株胸徑1公尺的荔枝樹，可能是與荔枝王同一時期栽植的老樹。（2002.09）

❶ 筆者初次造訪老樹時，老樹位置偏僻，無人聞問，怡然自得。（1995.03）

彰化縣

〔台灣鄉間老樹〕

●位於台糖農場邊的木麻黃是彰化縣內最老的行道樹。〔2003.12〕

木麻黃綠色隧道

長　度	1200公尺
數　量	共418棵
樹　齡	約60年

▶ 地理位置

彰化縣二林至溪湖的二溪路上。

　　這段綠色隧道是彰化縣碩果僅存的木麻黃綠色隧道。本段行道樹種於日治時代，光復後因道路拓寬等因素，行道老樹多數都被砍伐；這段行道樹因兩邊皆為台糖土地，種植甘蔗，所以還能

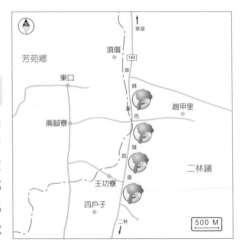

發現台灣老樹

完整的保留下來。由於根系被
柏油覆蓋，拓展遭到限制，生
長情況不算很好。彰化縣政府
為每一棵老樹掛牌編號，並設
立解說牌，希望民眾能善加保
護這些老樹。

⬆ 木麻黃粗壯的老幹。（2003.12）

⬇ 因為拓寬道路，導致部分木麻黃被砍倒。（2003.12）

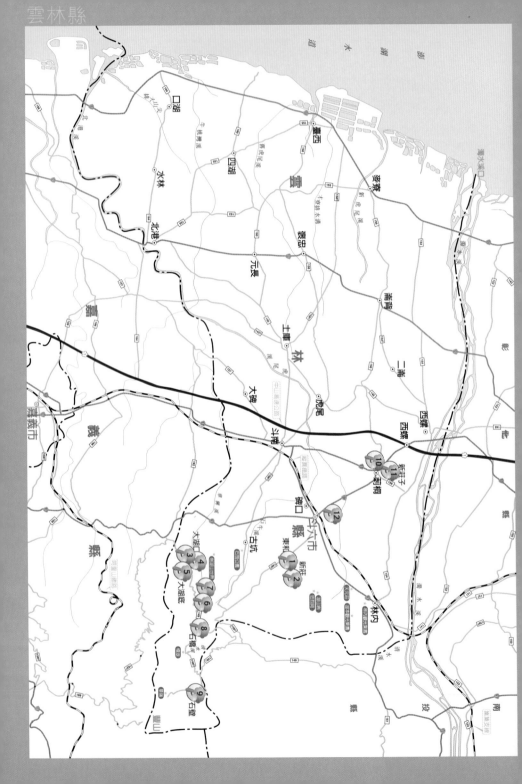

雲林縣的老樹

縣內老樹據調查共有42株,樹種以榕樹最多,其次為茄苳。老樹多數分佈於與嘉義縣交界的古坑鄉,其中草嶺村石壁九芎神木、桂林村苦苓腳無患子及桂林村鎮東宮茄苳都是極具有特色的老樹,而斗六市楓樹湖的老楓香被火燒死最為可惜。

1　東和村茄苳公⋯⋯328

2　老幹參天的護民茄苳公⋯⋯330

3　氣生根極美的雀榕⋯⋯332

4　有兩根柺杖的茄苳樹⋯⋯334

5　四季樹──大葉雀榕⋯⋯336

6　長滿稀有附生植物的老茄苳⋯⋯338

7　古早的肥皂──無患子⋯⋯340

8　樟湖十四景的茄苳老樹⋯⋯342

9　自然天成的盆景──石壁老九芎⋯⋯344

10　氣勢雄偉的老樟樹⋯⋯346

11　樹下石敢當⋯⋯348

12　萬年庄茄苳公⋯⋯350

❶ 位於道路邊的東和村茄苳公。（2003.05）

東和村茄苳公

樹　高	13公尺
樹　徑	1.8公尺
樹　齡	約250年

▶ 地理位置

古坑鄉東和村東陽段路邊。

　　這棵老樹生長的相當高壯健康，被村民敬拜為神樹。在樹身上還曾發現稀有的附生蕨類——松葉蕨，松葉蕨是非常古老的蕨類，為生物界的活化石。

　　筆者初次探訪時，老樹附近

為原來荒野，經過10年的發展，現在周圍都已開闢農路、種植果樹。

東和村村民家中有小孩「歹育飼」，就祈求老茄苳收為養子，配戴頸棺以保佑小孩平安長大。村民在樹頭設置「天浩公地母廟」定時祭拜，每年農曆正月15日謝神場面盛大。

村民在樹頭設有圍牆以防土壤沖蝕，但老樹根系強健，已將圍牆崩裂。老樹遮蔭百餘平方公尺，是當地老百姓乘涼、休憩的好場所。

❶ 茄苳公壯碩的軀幹與樹前的小廟。（2003.05）

❷ 茄苳為半落葉性，冬季會部分落葉，春天再萌發新芽。（1994.11）

● 茄苳公由樹幹約2公尺處分出多支粗大的枝幹。（2003.05）

老幹參天的護民茄苳公

樹　高　14公尺
樹　徑　1.7公尺
樹　齡　約400年

▶ 地理位置

古坑鄉新庄村庄外，往棋盤厝的路邊。

　　老樹枝條向四周蔓延極廣，枝幹仍極為茂盛，樹冠面積廣達600平方公尺，樹幹略向前傾斜，生機仍十分旺盛。

　　老樹所在地原為賴姓果農的私人土地，他捐出土地供大家建

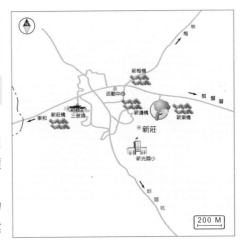

發現台灣老樹

護民茄苳公廟祭拜老樹，台中市天然古蹟茄苳廟並獻有「老幹參天」匾額。樹前廣場寬闊，並有廁所、石桌椅等公共設施，日常有三泰宮管理員前來清掃，十分整潔。

　　鄉民敬重老樹，稱老樹為茄苳王公，在老樹前方設有「護民茄苳公廟」，供奉茄苳公金身以庇佑鄉里，是當地的信仰中心，每年農曆10月11日祭拜老樹，慕名遠來參拜的民眾絡繹不絕。筆者訪問地主時，地主對於遊客隨地亂丟垃圾、任意懸掛萬國旗，制止又不聽的行為甚為不滿，頗多抱怨。遊客參拜老樹是好事，但也應亦應注意自己的行為，避免造成當地民眾的困擾。

⬇ 護民茄苳公冬季落葉期樹葉明顯稀疏許多。（1994.11）

⬇ 夏季濃密的枝葉，樹蔭十分廣闊，縣政府為老樹周邊豎立圍籬及支柱保護。（2003.05）

① 兩棵雀榕與旁邊的檳榔樹比起來更顯高大。（2003.05）

氣生根極美的雀榕

樹 高	約13公尺
樹 徑	2.5公尺
樹 齡	約200年

▶ 地理位置

古坑鄉華南村橫路台149甲線路邊，福德宮後方。

雀榕這類榕屬植物主要靠鳥類傳播種子，氣生根特別發達，若在其他樹上發芽，氣生根會將附生的樹體緊緊纏住至死，稱為絞殺現象。

這兩株攣生雀榕，村民稱為大葉榕。這兩株雀榕由樹上懸垂數十根氣生根，入土後向四周蔓延數十公尺，蔚為奇景。

老雀榕的生長地點由福德宮執事共同買下，由福德宮統一管理。本莊土地公都選農曆8月17日作拜拜，以避免與15日大日相沖，請不到戲班。

↑ 樹前金碧輝煌的福德宮。（2003.05）

↑ 樹幹基部下垂的氣生根入土後形成支柱根及地上蔓延的根系。（2003.05）

① 老茄苳樹向廟前傾側，在枝幹上豎立兩根鋼樑以支撐。（2003.05）

有兩根柺杖的茄苳樹

樹　高　13公尺
樹　徑　1.5公尺
樹　齡　300年

▶ 地理位置

古坑鄉華南村華南路旁福德祠後方。

　　老樹附近樹林密佈，水氣充沛，由於年事已高，雖生長良好，但基部已經腐朽。以前茄苳樹上有一棵雀榕附生，氣生根往下佈滿茄苳樹幹，村民怕老茄苳被雀榕包纏致死，將雀榕接近地

 地図内の文字:

下埔尾
橫路
148
華南
橫路口
華南國小
衛生室
土地公廟
枋寮
山腳
坪仔頂
100 M

發現台灣老樹

面的根系切斷，以避免雀榕樹勢過份擴張。

　　老樹由於樹幹逐漸腐朽傾斜，而於2002年3.4月間延請樹木醫生將附生的雀榕清除，腐朽部分挖除後消毒封包起來，另外在枝幹上豎立兩根鋼支柱杖以防止傾倒。現在老樹樹幹上已是滿身「補丁」，再加上兩支枴杖，猶如老態龍鍾的老者，期望藉由人為的保護讓老樹怡享天年。

　　老樹附近的山區假日多有民眾前來登山健行，老樹自然成為歇息納涼的好地方，連帶也使福德祠香火鼎盛。

● 由樹醫將老樹腐朽部分挖除後敷蓋上的補丁。（2003.05）

● 原先有一株雀榕附生在老樹上，層層的氣生根將老樹緊緊纏勒，現已經清除。（1993.06）

● 冬季樹葉落盡，可以欣賞枝幹的造型之美。（2003.02）

四季樹—大葉雀榕

樹	高	15公尺
樹	徑	1.8公尺
樹	齡	約200年

▶地理位置

古坑鄉坪仔頂華南路的南天宮旁。

大葉雀榕是落葉性大喬木，會隨著四季的更替換上不同的風貌；夏季時綠蔭濃密，冬季落葉期整棵樹葉落光，只剩下光禿禿的枝幹，等來年新春，又重新發出嫩紅色的新芽。

登現台灣老樹

在築路時為了尊重
這棵老樹，所以在樹幹基
部圈圍保護，老樹的根部
雖然生長受限，但是依然
枝葉茂密，高大挺拔，並
未受到周圍柏油、水泥包
封的影響。

　　樹旁有南天宮供奉
中壇元帥，樹頭有一座造
型古樸的土地公小廟，由
附近人家按時祭拜清掃，
整理得相當清潔。

⬆ 夏天濃密的樹蔭是休息乘涼的好地方。（1993.06）

⬇ 老樹粗壯的樹幹與樹下造型古樸的小廟。（2003.02）

雲林縣

〔台灣鄉間老樹〕

① 由對面溪畔眺望老樹，老樹上叢生的附生植物自成一個特殊的生態系。（2003.02）

長滿稀有附生植物的老茄苳

樹 高	17公尺
樹 徑	1.6公尺
樹 齡	約200年

▶ 地理位置

古坑鄉桂林村43號鎮東宮苦苓腳山邊民宅內。

以往大家樂流行的時代，有人拜這棵老樹祈求明牌，大家樂退燒後就沒人祭拜了。

老茄苳位於山溝邊的私有地上，水分充足，生長良好。這棵

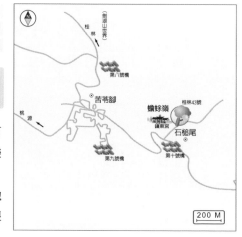

老茄苳為雌株，四時果實掛滿枝頭，吸引許多鳥雀聚集覓食。由於緊靠路邊，常遭車輛擦撞，令地主極為心疼。

老茄苳最為特殊的是樹上長滿了附生植物，樹幹上附生了許多伏石蕨，頂端的分枝上則長了許多石葦、毬蘭等附生植物，其中更有稀有的垂葉書帶蕨及小垂枝石松。這些附生植物吸附灰塵形成泥土，土壤中又孕育了如螞蟻、馬陸等小型動物，形成了極為特殊的生命循環，可以稱為懸在空中的生態系。

以往學術界對附生植物形成的生態系並未深入的研究，近年來才逐漸重視這個領域，為何這棵老樹上的附生植物如此豐富，非常值得深入探究。

⊕ 老樹位於狹小的巷弄內，常被車輛擦撞，令地主心痛不已。（2003.02）

⊕ 老樹上複雜的附生植物群落。（2003.02）

⊕ 附生在老樹上的豹紋蘭。（1995.04）

⊕ 老樹結出累累的果實。（2003.02）

● 冬季落葉，滿樹黃葉甚為美麗。（2003.02）

古早的肥皂—無患子

樹	高	10公尺
樹	徑	1.1公尺
樹	齡	約200年

▶ 地理位置

古坑鄉桂林村苦苓腳庄頭。

這是一棵台灣平地極為罕見的無患子老樹，老樹樹幹中空，但生長仍極為茂盛。樹前有村民供奉的將營小廟。

無患子俗稱皂莢樹或黃目子，為落葉性喬木，冬季落葉期

葉子轉爲黃色，景觀極美，可以大量栽培做爲都市綠化樹種。

　　果實於秋冬季成熟，成熟後可長久儲藏，果實內的黏膠質可做爲洗滌衣物的原料，早年有商人專門收集果實販售，現在由於洗衣粉的發達，無患子的功用就逐漸沒落了！

　　近年來提倡回歸自然及有機農業的風氣，讓這些古早傳統的民俗植物重新受到重視，現在無患子的洗碗精又在坊間出現，也有醫師出專書介紹無患子的各種功用。

↑老樹雖老，但仍能在秋季結出大量果實。（1995.10）

↑老樹樹幹中心已經腐朽，出現幾個大洞，但生長良好，枝葉仍然茂密。（1992.07）

↑無患子老樹與樹前的將營小廟。（2003.02）

❶ 從路邊的農田即可見到老樹從坡崁下高高聳立。（2002.03）

樟湖十四景的茄苳老樹

樹 高	25公尺
樹 徑	1.5公尺
樹 齡	約500年

▶ 地理位置

古坑鄉樟湖村石橋路37號的私人土地上。

樟湖古早時為遍佈樟樹林的山谷，19世紀末期樟腦業發達的時代，腦丁大量砍伐樟樹提煉樟腦，砍伐過的跡地就開墾成為農田，現在樟樹已經幾乎完全砍光，只留下地名供人回憶。

發現台灣老樹

這棵僅存的老茄苳生長的高聳挺拔，與其他茄苳老樹樹冠多向側方開張不同。粗壯的樹幹基部長有許多樹瘤，樹上還附生許多附生植物，其中蔓性的瓜子草懸垂而下，甚為美麗。

　　早年村民在樹幹上釘有一塊「千年古老神木」牌子，對老樹十分敬重，現在已將牌子拆下。小孩多拜老樹為契子，以期望順利長大。

　　近年來自然生態旅遊受到重視，旅遊業者將該村山水列出14處景觀點，老茄苳名列十四景之首，可見隨著國民旅遊觀念的提昇，老樹也具有遊覽觀賞的價值。

⬆ 早春時茄苳老樹會開出許多嫩綠色的花穗。　（2002.03）

⬆ 茄苳老樹生長的非常挺拔，枝幹上也長有許多附生植物。
（2002.03）

⬆ 老樹樹幹基部長有許多樹瘤，村民對老樹敬愛有加。
（2002.02）

🔾九芎老樹周圍被被圈圍住，樹幹剝落，造型極美，猶如天然盆景。（2002.06）

自然天成的盆景—石壁老九芎

樹　高	10公尺
樹　徑	1.2公尺
樹　齡	約200年

▶ 地理位置

古坑鄉草嶺村石壁深山裡。

　　九芎屬於千屈菜科的落葉小喬木，為台灣低海拔山地常見的樹種，由於再生能力強，所以水土保持工程常將九芎枝條插入邊坡土中，可以迅速生根長葉以維護坡地。

這棵老九芎深處山區，周圍仍保存原始自然風貌。老樹樹幹斑駁，離地6公尺的樹幹曾經折斷，樹幹中空，一側主幹已經死亡，重新從基部生長出二代木，現在也已經粗壯異常，枝條分佈的造型極美，猶如一棵自然天成的盆景。這麼大的老九芎實屬罕見。

草嶺當地以往盛產樟樹，日治時代村民多以伐樟腦爲生，現多轉作茶園，也是有名的風景遊憩區。921地震後，草嶺旅遊業低落不振，當地居民重新規劃景觀據點，也把這棵老樹名列其中，當成主要的賣點。

⬇ 九芎原先主幹已死，由基部再發出新芽，形成二代木。（2002.06）

● 從遠處眺望老樟樹分外雄偉，縣政府並為老樹豎立避雷針。（2002.07）

氣勢雄偉的老樟樹

樹　高	15公尺
樹　徑	1.7公尺
樹　圍	5.9公尺
樹　齡	約250年

▶ 地理位置

雲林縣莿桐鄉六和村東興路東興宮後方。

東興宮建於1972年，廟前有對聯—「東昇福德千年安自在，興建尊神萬載存留欽」。

附近地勢開闊，所以老樟樹

的枝條能順利開展，樹勢極爲健旺，是平地極爲
難得的老樹。

　　當地居民尊稱老樟樹爲「樟善師」，常來祭
拜。每年農曆11月9日爲老樹做壽。村民爲老樹
圈圍，並在樹下鋪設碎石以保護老樹根部呼吸，
同時在樹下放置石桌、椅供休憩。

⊕ 村民在大樟樹頭擺置碎石以幫助老樟樹根系呼吸。（2002.07）

⊕ 大樟樹位於東興宮後方。（2002.07）

【台灣鄉間老樹】

❶老樟樹矗立田野間，分外高聳，縣政府並為老樹豎立避雷針。（2002.07）

樹下石敢當

樹　高	20公尺
樹　徑	1.5公尺
樹　齡	約250年

▶ 地理位置

莿桐鄉六合村六合國小後方，靠近新虎尾溪堤防，往新庄子的田野中。

老樟樹位於農田中央，四周圍由紅磚砌起圈圍，原先蓋有小廟，現已拆除，少有人跡。

老樹由基部分出數支粗大的分枝，主幹的一部份已經枯死，

樹皮也剝落了，不過其他的枝條仍然生長的相當茂密。極爲奇特的在樹上還附生了仙人掌，是否種子由鳥雀帶來，排泄於樹上發芽，不得而知。縣政府也爲老樹豎立避雷針。在樹頭有焚燒金紙的痕跡，在圍牆邊也設有金爐，應是有人祭拜。

　　與一般樹下設土地公廟或樹公廟不同的是，這棵老樹樹下設了一座造型古樸、雕工精美的「泰山石敢當」石碑。一般石敢當多做爲鎮壓驅邪之用，在金門的風獅爺與石敢當都極富盛名，而台灣民俗上多設立於道路邊或轉角處。小廟爲何拆除？是否老樹下曾經發生過一些事情？這就不得而知了！

❶ 老樟樹由基部分爲數支主幹，其中一支大枝已經樹皮剝落、乾枯死亡。（2002.07）

❶ 在樹頭附近立有雕工精細但已模糊的的泰山石敢當石碑。（2002.07）

❶ 原先老樹下建有小廟，但現在已經拆除。（1994.06）

【台灣鄉間老樹】

● 茄苳樹分枝均勻，枝條開闊，生長的十分健康。（2002.07）

萬年庄茄苳公

樹 高	約15公尺
樹 徑	1.5公尺
樹 齡	約300年

▶ 地理位置

斗六市長安里萬年庄萬年宮旁。

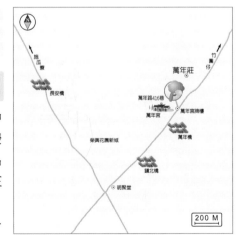

　　清朝嘉慶君遊台灣的故事中流傳了許多鄉土傳說，傳說嘉慶君曾在庄內休息，所以這裡命名為萬年庄。這棵大茄苳樹位於庄內的萬年宮旁。

　　茄苳樹的樹形相當優美，多

數枝條均勻的向四面開展，枝葉茂密而健康，居民尊稱為茄苳公。在樹旁設有土地公廟，樹下另設茄苳公廟祭祀老樹。

因茄苳樹又名重陽木，所以廟上的對聯為「重明合境、陽暖全民」。村民訂農曆8月15日為茄苳公壽誕，舉行盛大的祭典活動。茄苳公由萬年宮管理委員會負責維護管理工作，與台中市茄苳公、古坑鄉護民茄苳公互為結拜，信徒彼此互相繞境朝拜。

→ 村民在老樹樹幹上包上神靈顯赫的紅綾以示尊敬。（1995.11）

↓ 茄苳公與樹前祭祀老樹的小廟。（1995.11）

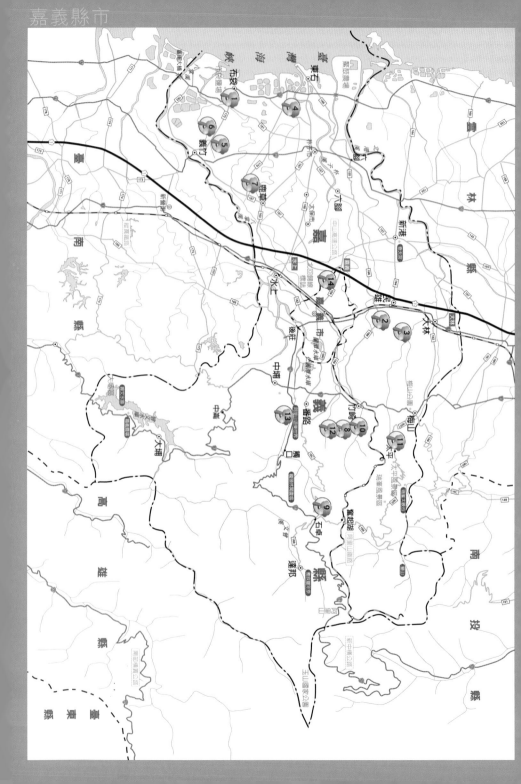

嘉義縣市的老樹

嘉義縣境內的老樹頗多，據民國84年的記載共有140餘棵老樹，挑選14處老樹介紹。

1 台灣最老的土沈香……354
2 樹冠寬廣的大榕樹……356
3 中正大學的建校老樹……358
4 差點被盜賣的土沈香……360
5 三腳貓的老榕樹……362
6 鎮庄之寶的老榕樹……364
7 風水老榕樹……366
8 無心老茄苳……368
9 台灣最高大的苦楝樹……370
10 台灣最老的龍眼樹……372
11 梅山鄉的老梅樹……374
12 中正大學前芒果行道樹……376
13 阿里山的櫻花老樹……378
14 諸羅鳥榕王……380

① 土沈香老樹位於永安宮後方的水池邊，非常青翠可愛。（1995.04）

台灣最老的土沈香

樹　高　8公尺

樹　徑　1.5公尺

樹　齡　約300年

▶ 地理位置

布袋鎮永安里永安宮後方水池邊。

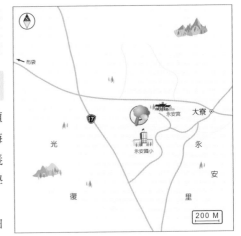

　　土沈香是台灣稀有的海濱植物，零星分佈在嘉義、台南沿海一帶，僅見的老樹只分佈於嘉義東石、布袋，台南縣將軍溪、學甲，以及屏東萬里桐。

　　土沈香樹體受傷後流出的白

發現台灣老樹

色乳汁具有毒性，印度人稱為瞎眼樹，若接觸皮膚會產生過敏現象。南部沿海居民俗稱水賊仔，又因葉形很像榕樹，所以土沈香老樹多被尊稱為松仔公（榕樹俗稱松仔）。由於土沈香能耐水浸，同時支柱根明顯，許多國家都將土沈香認為是紅樹林樹種。

↑ 土沈香的樹葉頗似榕樹，但樹葉多叢生於枝條先端。（2003.04）

　　這棵土沈香老樹由於緊靠水池，有傾倒之虞，因此村民將老樹修剪填土，並建護牆圈圍。老樹經過修剪後從主幹上產生多數分枝，整個樹冠形成翠綠色的圓形，樹形非常優美，部分枝條並伸入水池內。

　　永安宮建於清朝道光30年，廟內供奉五府千歲，後陸續修建成今日的大廟。老樹早在蓋廟以前就已經存在，可能是台灣最老的土沈香老樹。

↓ 老樹基部糾結的樹幹。（2003.04）

❶ 大榕樹矗立農田邊，氣勢雄偉。（2003.03）

樹冠寬廣的大榕樹

樹 高	13公尺
樹 徑	2.5公尺
樹 齡	約200年

▶ 地理位置

民雄鄉秀林村16鄰42-2號對面。

嘉義縣境內的老榕樹很多，但很少如民雄鄉秀林村這棵老榕樹般的高大且氣勢雄偉。老榕樹的周圍開闊，樹冠寬廣，由樹幹上下垂的氣生根團團將主幹圍住，從田間看過去，襯托於一片

建築物中間，猶如一片綠色的華蓋。榕樹旁邊為農田，老榕樹的根系伸入田中吸收水分與養分，生長的相當健康，而且高大茂密。

　　老榕樹位於私人土地上，在地方上有許多靈異傳說，村民認為老樹具有神性。在樹前蓋了大善寺供奉榕樹公及土地公。每年農曆8月15日訂為老樹壽誕，村民都會辦牲禮祭拜。老樹下夏日涼風習習，是村民聊天、乘涼的好所在。

⬆ 老榕樹有許多氣生根從樹幹垂下形成支持根。
（2003.03）

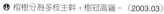
⬇ 榕樹分為多枝主幹，樹冠高聳。（2003.03）

⬆ 老樹主幹已經枯死，樹幹上腐朽嚴重。（2003.03）

中正大學的建校老樹

樹　高　5公尺
樹　徑　2公尺
樹　齡　約200年

▶ 地理位置

民雄鄉中正大學校區內。

　　中正大學創校不久，校內樹木多尚未成林，不過在校區一隅的籃球場邊，卻有一棵遠從台東移植而來的老茄苳樹。

　　這棵老茄苳是因為中正大學在民雄鄉設校，地方仕紳覺得與

有榮焉，一位謝姓地方人士特地從台東挖來，贈送給中正大學。樹木若是因為道路拓寬或拆屋而移植，原本無可厚非，但若是因商業買賣而搬家，筆者則持保留態度。

　　老茄苳於80年9月種植於校園，初期生長情況不佳，經持續澆水照顧一年多才成活。老樹雖已經種植十餘年，但主幹已經腐朽枯死，從樹頭附近發出一些新枝，完全不像一棵老樹應有的雄偉姿態。現老樹處校園荒僻一角，少人聞問，若腐朽繼續擴大，前景不甚樂觀。

❶老樹前由校方豎立解說牌，說明老樹是創校時所植。（2003.03）

❶兩棵老樹並不顯眼，由於曾經被盜採，在樹前還有村民立的警告牌。（1995.04）

差點被盜賣的土沈香

樹	高	6公尺
樹	徑	0.5公尺
樹	齡	約200年

▶ 地理位置

東石鄉塭仔村後埔福安宮舊廟後方。

東石鄉塭仔村長久以來為地層下陷所苦，每遇大雨必成災，搭建新屋都必須先填土1公尺以上。

後埔福安宮舊廟雖建築的古色古香，但也因下陷而被荒廢

棄，必須於前方較高燥的區域另
蓋新廟。

　　舊廟後方有兩棵在未建廟
前就已經存在，當年名噪一時，
現今卻無人聞問的土沈香老樹。
老土沈香並不顯眼，但樹齡已有
約200年。

　　由於早年將這兩棵老樹誤
認為具有高度經濟價值的沈香，
所以在1986年發生盜伐枝條的
事件，村民在樹旁搭棚守護，並
在樹前立牌警告勿擅自取用枝
條。後來有商人出高價收買這兩
棵老樹，也因大家反對而作罷。
現在隨著時光的流逝，漸漸無人
聞問，警告牌也已經折斷，湮沒
於荒煙蔓草中，能夠不被打擾，
或許是老樹最好的境遇吧！

🔼 老樹現在被旁邊的榕樹壓迫，樹下又堆置雜物，晚境淒涼。（2003.04）

🔼 福安宮舊廟古色古香，但因地層下陷而荒廢。（2003.04）

⬆榕樹下由村民牽引出數支支柱根。（2003.04）

三腳貓的老榕樹

樹　高　15公尺
樹　徑　3.6公尺
樹　齡　約120年

▶ 地理位置

義竹鄉埤前村義竹工業區旁，三腳貓6號
的農田當中，由嘉172縣道轉入龍蛟村右
手邊。

　　三腳貓通常是諷刺的用語，
奇特的是義竹鄉埤前村義竹工業
區旁正巧有這麼個地名，相信不
管誰聽到一定印象深刻。

　　這棵大榕樹周圍並無大樹，

老樹顯得十分顯眼，遠遠即可看到這棵大樹。

　　老樹生長的十分健壯，樹頭附近伸延出多支氣根，樹下導引數支枝幹以幫助支撐，村民也在樹下設立矮牆圈圍保護。村民在樹下蓋了忠義廟供奉147尊神像，為地方的守護神祇，另外在樹下蓋榕樹公小廟祭拜榕樹。每年農曆3月6日為老樹壽誕，村民都會盛大祭拜以求風調雨順。

⬆ 樹下一邊供奉忠義廟，另一邊供奉榕樹公。（2003.04）

⬇ 三腳貓大榕樹位於田野間，佔地寬廣，猶如一張綠色的華蓋。（2003.04）

● 老榕樹被安溪寮村民視為鎮庄之寶。（2003.04）

鎮庄之寶的老榕樹

樹　高	12公尺
樹　徑	2.2公尺
樹　齡	約300年

▶ 地理位置

義竹鄉安溪寮48號平溪村衛生室對面。

　　當年閩粵移民定居台灣，多數同姓聚居以抗外侮，如嘉義布袋多姓蔡，而義竹鄉平溪村安溪寮為陳氏家族聚居。由於祖先由大陸安溪遷居於此，因此將庄名訂為安溪寮以示不忘本。

這棵大榕樹相傳爲開庄之時，村民於村落四周種植榕樹，以鎮庄並聚靈氣，而生長至今。村民視大榕樹爲鎮庄神木，老樹的茂盛攸關安溪寮平安。在樹頭前由村民設立的榕樹公神位，香火不斷。樹幹上由村民導引許多支柱根，縣政府也在周圍設置鋼製撐架以防老樹枝條斷裂。

❶ 老樹下設有石桌椅供村民乘涼。（2003.04）

❶ 老榕樹由樹幹基部分出多數分枝。（2003.04）

↑ 榕樹位於開台聖王府後方，是地方的風水樹。（2003.04）

風水老榕樹

樹　高	12公尺
樹　徑	2.5公尺
樹　齡	約300年

▶ 地理位置

鹿草鄉松竹林開台聖王府後方。

松竹林為鄭姓宗族聚居，據當地耆老口述，當地人都是延平郡王鄭成功的後代，因此修築開台聖王府以祭祀延平郡王。

大榕樹的樹幹基部及地上的浮根佈滿樹瘤，綠葉成蔭，由樹

幹上垂下四枝粗大的氣生根入土形成支柱，可以想見老樹的高壽。

據當地耆老告訴筆者，風水師告訴當地百姓說此樹是當地的風水樹，攸關村落的興衰。因而當地人認為老樹具有神性，纏上紅布加以祭拜。

在樹幹中段有一節類似人形的樹瘤，村民認為是開台聖王金身顯靈，在左下方更有天龍，右上方有虎爺盤據，村民認為是神蹟，對老樹更加尊崇。在老樹樹頭佈置有香案，附近百姓多來祭拜，夏日炎炎，樹下更是附近民眾休息乘涼的好處所。

❶ 老樹的主幹已經腐朽，由支柱根層層包纏，地上的樹瘤極美。（2003.04）

❶ 老樹樹冠寬廣，是村民乘涼的好地方。（2003.04）

嘉義縣市

［台灣鄉間老樹］

❶ 老茄苳呈45度向路邊傾斜，樹上附生植物眾多。（2003.04）

無心老茄苳

樹 高	14公尺
樹 徑	3公尺
樹 齡	約500年

▶ 地理位置

竹崎鄉新寮坑往靈巖寺路邊，在新寮坑橋的對面檳榔園旁邊。

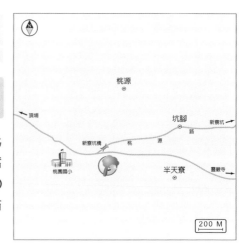

這棵老茄苳被當地百姓稱為無心神木。因為樹心已經完全腐朽中空，內部寬闊可容納10~20人，與墾丁森林遊樂區內的老茄苳很類似。

老樹僅由數支粗大的根系支持樹體，為防傾倒，縣政府花費26萬元為老樹圍籬，並在老樹傾斜方向豎立不銹鋼支柱以支撐。

　　具當地耆老表示，老樹樹洞中原來居住許多蝙蝠，到30餘年前逐漸散去。由於老樹地處偏僻，來拜訪老樹的民眾很少，所在地原為私人所有，後為靈嚴寺買去成為廟產。

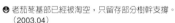
⬇ 老茄苳基部已經被淘空，只留存部分樹幹支撐。
（2003.04）

⬆ 老樹樹幹中央中空，可以望見天際，以前曾有蝙蝠聚居。
（2003.04）

● 苦楝樹位於村莊道路邊，是台灣現今發現最大的苦楝樹。（2003.03）

● 苦楝樹的新葉與花苞。（2003.03）

台灣最高大的苦楝樹

樹　高	32公尺
樹　徑	1.9公尺
樹　齡	約120年

▶ 地理位置

竹崎鄉光華村，159甲線39.5公里路邊。

　　苦楝是台灣原生植物中極有觀賞價值的樹種，不管是樹形、葉子、開花、結果都極富特色，而且適應地區廣泛，從海邊到中海拔的向陽坡地都可見到它的蹤影，是很值得推廣的綠化樹種。

苦楝的果實呈黃色，為中藥材，稱為金鈴子，但因苦楝又名苦苓，為人忌諱。苦楝生長快速，速生樹種多短壽，苦楝老樹並不多見。

這棵苦楝是全台灣最高大的一棵，樹頭部分有村民焚香祭拜。這棵老樹生長的極為高大挺拔，樹幹一柱擎天，約在十餘公尺處才行分枝，分枝處還長有許多崖薑蕨等附生蕨類。老樹雖老，但枝條仍非常健康，開花季可見滿樹紫花。

老樹位於海拔高800公尺的聚落中，附近多為檳榔及茶園，苦楝老樹前500公尺，有一棵胸徑1.3公尺的茄苳樹與之遙遙相對，也生長的高俊挺拔，可順道探訪。

❶ 與苦楝樹相隔500公尺，有一棵胸徑1.5公尺的茄苳老樹。（2003.03）

❶ 老樹的分枝點極高，分枝處叢生崖薑蕨，開花季滿樹紫色花朵。（2003.03）

↑ 這棵老龍眼樹應是台灣現存最老的一棵。（2003.03）

台灣最老的龍眼樹

樹　高　1.9公尺
樹　徑　2公尺
樹　齡　約300年

▶ 地理位置

竹崎鄉緞繻村松腳科底的真武廟後方，
16鄰李宅門前及後方駁坎。

龍眼是常綠大喬木，原產中
國大陸，由移民帶來台灣種植。
龍眼樹耐旱耐瘠，很適合台灣中
南部山坡地種植。

松腳科底盛產龍眼，真武廟

後方共有三棵粗大的龍眼老樹，最粗大的一株位於屋後斜坡蓄水池旁，樹頭極為粗壯，上面生有許多樹瘤，極為壯觀。老龍眼樹原先有兩枝粗大的主幹，數年前因風倒折斷一支，現另一支主幹仍相當健康，樹冠寬廣，上面長滿山蘇花等附生植物，形

⊕ 龍眼樹上密佈附生的蕨類。（2003.03）

成一個美麗的空中花園，是現今台灣發現的最大的龍眼老樹。另外兩棵胸徑約1.1公尺，位於李宅門口，猶如一對巨大的門柱，周圍主人細心呵護，遍植草花，環境維護的十分幽雅。

龍眼老樹仍每年結果，採收後製作龍眼乾，而李姓祖先數百年前至此地開墾，開枝散葉，子孫已達千人以上。這些老果樹的留存，見證數百年前移民遠渡黑水溝，蓽路襤褸，以啓山林的艱辛。

⊕ 兩棵較小的龍眼樹並排於李宅門口，受到細心照顧。（2003.03）

⊕ 龍眼樹的主幹曾經斷裂，中央已經腐朽。（2003.03）

↑ 這棵梅樹是台灣最老的一棵，主幹腐朽的相當嚴重。（2003.03）

梅山鄉的老梅樹

樹 高	7公尺
樹 徑	1.6公尺
樹 齡	約200年

▶ 地理位置

梅山鄉安靖村湖底位於海拔600公尺的檳榔果園內。

位於梅山鄉的這株梅樹是現今台灣最老的梅樹。年歲已高，已經部分腐朽，部分主幹也已經枯死斷落，從樹幹中段仍長出許多側枝，枝條多短促，可見樹體

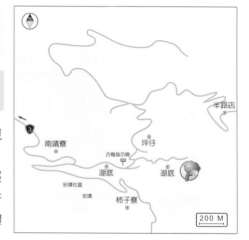

發現台灣老樹

已經衰老，運輸養分水分的能力降低。但由粗壯的枯幹上仍可想像當年健康，樹冠開展的的模樣。

在民國74年梅山鄉「梅的活動」中，老樹是宣傳的重點。老梅樹生長的蒼勁挺拔，許多畫家更以老梅樹為範本，畫出許多不朽的畫作。交通部觀光局曾出資為老樹設立擋土牆及圍籬，以防崩塌。

梅山鄉當年多梅樹，現在滿山遍野種植檳榔，梅樹早已不見蹤影，物換星移，令人感嘆。

⬆ 老梅樹斑駁蒼勁的主幹。（2003.03）

⬇ 老梅樹年歲已高，主幹已經枯死，湮沒於龍眼果園中。（2003.03）

❶ 芒果行道樹給來往車輛帶來不少涼意。（2003.04）

中正大學前芒果行道樹

全　長	約1,500公尺
數　量	239棵
株　距	約5公尺
樹　徑	約0.5公尺
樹　齡	約70年

▶ 地理位置

民雄鄉豐收村三興路，國立中正大學校門口前方。

　　芒果原產於印度，是典型的熱帶果樹，有深根耐旱的特性，台灣南部種植了許多芒果行道樹。

中正大學前的芒果行道樹，是嘉義縣境內唯一列冊掛牌管理的行道老樹。

　　老樹位於分隔快慢車道的分隔島上，一般來說，由於生長的環境不佳，所以行道樹會比同年齡的樹小，也容易衰老。但這群樹高約7公尺的芒果樹，生長的相當健康，寬廣的樹冠在快車道上方形成一道綠色的頂蓋，在炎炎夏日給來往人車帶來一絲涼意，是嘉義縣極為難得的綠色隧道。

⬆ 芒果行道樹種植於日治時代，已有70年的樹齡。（2003.04）

〔台灣鄉間老樹〕

↑ 阿里山花季的主角—吉野櫻，其中許多已是百年老樹。（1995.04）

↑ 吉野櫻花朵為白色花瓣
紅心。（1995.04）

阿里山的櫻花老樹

▶ 地理位置

阿里山森林遊樂區內。

　　阿里山森林遊樂區是台灣森
林遊樂區中遊客人數最多的。阿
里山的勝景頗多，除了日出、日
落、晚霞、雲海、神木及森林小
火車外，阿里山每年3、4月的，
櫻花季更是無人不知，假日遊客
絡繹不絕，常造成塞車。

　　阿里山海拔2,200公尺，氣

阿里山森林遊樂區
香林國小
香林國中
阿里山莊
阿里山慈雲寺
鐵路
森林
里山
阿
阿里山車站
沼平公園
賞櫻花
公路
里
山
阿
200 M

發現台灣老樹

候適合櫻花生長。山上櫻
花種類甚多，以吉野櫻及
八重櫻為主角。

　　吉野櫻是日治時代從
日本吉野縣移植過來，最
早的移植紀錄為西元1903
年，距今也已經超過百
年。大規模移植約在西元
1918年，當年從日本共移
植900多棵的吉野櫻，種植
在現今沼平公園一帶。阿
里山賓館前的十餘株吉野
櫻在西元1988年曾因菌類
寄生，衰老腐朽而有逐漸
枯萎的現象，後經樹醫生
楊甘陵老先生消毒醫治而
重獲生機，現在公園內仍
可見到許多老櫻花樹上留
有手術後遺留的塑膠「補
丁」！

◑ 遊客請不要忘記台灣原生、花色
艷紅的的山櫻花。（1999.03）

◐ 花季的另一主角──台
灣原生的玉山杜鵑。
（1999.03）

● 老榕樹的樹頭供奉榕樹公小廟。（2003.04）

諸羅鳥榕王

樹 高	12公尺
樹 徑	2.6公尺
樹 齡	約400年

▶ 地理位置
嘉義市劉厝里重劃區內。

　　這棵榕樹是嘉義市內最大的一棵老樹，有多枝主幹橫向伸展，樹冠廣闊，氣勢極為雄偉。

　　老樹原先位於雜草叢生的墳墓地旁的沼澤邊，蚊蚋叢生，相當荒涼陰森，因此在樹下建有

「萬靈公廟」以庇佑百姓，同時在樹下有「榕樹公」小廟祭祀老樹。

民國70幾年間，大家樂風行，有一部描述大家樂的電影就是在此地拍攝，老樹一片成名，成了樂迷求明牌的對象。當時老樹附近猶如市集，熱鬧非凡，由於燃燒金紙，造成小廟

❶ 老榕樹位於劉厝重劃區內。〔2003.04〕

燒毀。後來管理委員會利用信徒捐獻重修萬靈廟，在老樹下修築涼亭、疏浚池塘，安置桌椅及兒童遊樂場，成了附近居民休閒乘涼的場所。

張博雅女士任職嘉義市長時，曾探訪這棵老樹，尊稱它為「諸羅鳥榕王」。老樹位於重劃區內，附近道路雖已建設完成，但仍將老樹及廟宇保留下來，顯示對老樹的尊敬。

❶ 老榕樹樹冠極為寬廣，樹下還有涼亭、座椅，猶如一座公園。〔2003.04〕

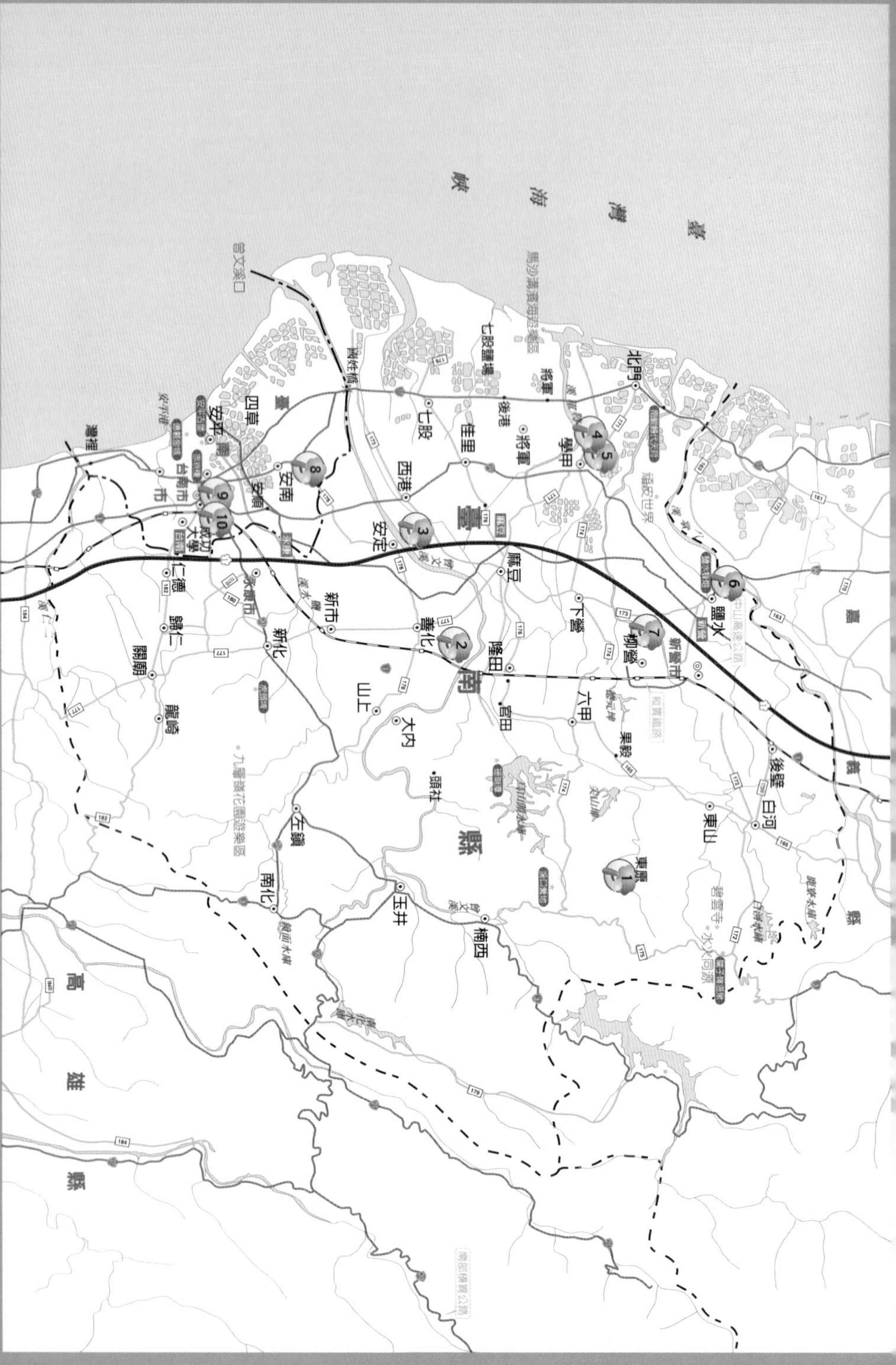
臺灣海峽
臺南縣
高雄縣
嘉義縣
曾文溪口
國姓橋
馬沙溝濱海遊樂區
七股鹽場
北門
將軍
後港
學甲
七股
佳里
四草
安平
台南市
安南
西港
安定
成功大學
麻豆
下營
柳營
新營市
鹽水
中山高速公路
後壁
白河
東山
東原
六甲
官田
隆田
善化
新市
永康市
仁德
歸仁
關廟
龍崎
新化
山上
大內
頭社
左鎮
南化
玉井
楠西
碧雲寺
水火同源
九層嶺花園遊樂區
曾文溪
南部橫貫公路

台南縣市的老樹

台南縣境內珍貴老樹共有74棵。台南市原先農林課調查為31株,後來經過台南文化基金會3年的調查共有159株之多。僅選擇其中10處老樹介紹。

1 路讓樹的茄苳老樹……384

2 相傳為荷蘭人所植的大榕樹……386

3 氣根極美的大榕樹……388

4 被誤認為榕樹的土沈香……390

5 墳地內的大榕樹……392

6 釧和公與四季樹……394

7 新營舊廍七星榕……396

8 安平十二佃古榕……398

9 國泰人壽的企業標誌……400

10 台南市中山公園老樹群……402

● 多少人車都要從老樹下經過。（2003.05）

路讓樹的茄苳老樹

樹	高	15公尺
樹	徑	2.4公尺
樹	齡	約300年

▶ 地理位置

東山鄉東原村瓦厝仔往青山村路邊。

　　台灣許多老樹會因為道路拓寬、拆屋等因素，被迫移植或砍伐；而這棵老茄苳，則是以高齡的因素，在當初開路時被保留下來。老茄苳緊靠路邊，向路中央傾斜的樹頭極為粗壯，結滿了突

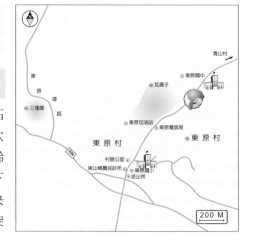

起的樹瘤。

　　村民在老茄苳樹周圍設置紅磚矮牆，前方更設置警告標誌以防人車誤撞；在樹頭設有香案，村民會定時上香祭拜；樹下還擺設了桌椅，供附近民眾乘涼。有趣的是村民認為老茄苳的樹皮具有療效，會剝取樹皮製藥；為防老樹被過度傷害，管轄的寶興宮便在樹上掛了一張敬告牌：「各位信徒需要茄苳王公（葉、皮）者，請求准筊令」。現代醫學如此發達，許多讀者或許會認為不可思議，但由此也可見老茄苳在村民心目中的份量。

⇧ 樹下的香爐及告示牌。（1996.04）

⇧ 老樹因為高齡，因此在開路時被保留下來。（2003.04）

↑ 老榕樹相傳是荷蘭人所植。（2003.04）

相傳爲荷蘭人所植的大榕樹

【右邊榕樹】

樹　高　10公尺

樹　徑　3公尺

樹　齡　超過300年

▶ 地理位置

善化鎮東隆里東勢寮慶濟宮，廟前廣場的左右兩邊。

台南縣的大榕樹很多，能像這棵大榕樹如此粗壯的卻很少有。

東勢寮爲蘇姓宗親聚居的村莊，庄內最大的廟宇爲供奉保生

大帝的慶濟宮，據記載建於乾隆29
年（西元1764年），歷史悠久。廟
前廣場相當寬敞，左右兩邊各種植
了一棵大榕樹，相傳為300多年前
荷蘭人所種。

右邊的榕樹於民國41年老樹枯
死後補植；左邊靠近派出所的大榕
樹，樹冠極為寬廣，庇蔭了樹下整
排的攤販。據村民描述，以前老榕
樹的樹冠更大，因為枝條妨礙到交
通而被鋸掉好幾支大枝。樹頭有八
卦形護牆圈圍保護，樹頭附近還立
有解說牌。

↑ 榕樹的幾支粗幹因為阻擋交通而被鋸掉。（2003.04）

↓ 老榕樹庇蔭了整排的攤販。（2003.04）

❶ 大榕樹浮在地表的根系極為壯觀。 (2002.08)

氣根極美的大榕樹

樹　高　　11公尺

樹　徑　　粗達4.6公尺

樹　齡　　約200年

▶ 地理位置

西港鄉羨林村太西玄天上帝廟後方，謝姓民宅後院。

　　榕樹會從枝幹上產生許多不定根，下垂入土形成支柱根。台灣平地榕樹不少，但少有像有像這棵大榕樹一樣，氣生根如此壯觀，樹幹如此粗的。

發現台灣老樹

這棵大榕樹位於謝姓民宅後院，周圍為果園，樹根伸入果園中，水分營養不虞匱乏，再加上生長空間開闊，所以才能生長的如此粗大。高聳的樹冠從高速公路上就能清楚看見。

　　原先老樹的主幹已經腐朽，但被周圍下垂的氣生根層層包圍，形成多條支柱根。另外糾結、蜿蜒於地表的根系，伸展有10餘公尺遠，好像是一幅自然的抽象畫。老樹樹下顯得清幽，園主定時灑掃，整理得十分乾淨，在樹頭前尚有香爐祭拜。

❶ 從遠處田野即可看見榕樹高聳的身軀。（1996.04）

❶ 大榕樹的主幹已經腐朽，由多數支持根支撐。（2002.08）

❶土沈香猶如大號盆景。（1996.04）

被誤認爲榕樹的土沈香

樹　高　　10公尺
樹　徑　　1.5公尺
樹　齡　　約130年

▶地理位置

學甲鎮中洲白渚里，中洲國小附近。

　　這棵土沈香老樹因爲外型頗似榕樹，所以早年被當地百姓尊稱爲「松樹王」。老樹生長的並不高大，枝幹、根部糾結，盤據在花台中央，猶如特大號盆景。四周環境由周圍居民打掃的相當乾

淨。

土沉香老樹是台灣稀有的紅樹林樹種。中洲以前是河岸沙洲，地名白渚則是指水中小陸塊的意思，由此可推測當年此地應是水陸交錯的濕地地形，很適合向土沈香這類耐水浸的樹木生長。我們或許

⊕ 土沈香冬季的黃葉及花穗非常美麗。（1996.04）

可從這些留存下來的老樹，追溯以往的自然環境是如何變遷的。

老樹在大家樂時期曾出過明牌，被認為神性非常靈驗，甚至有樂迷中獎後幫老樹建花台及大理石「松樹王」牌位。隨著大家樂的退燒，老樹周圍逐漸恢復往日的寧靜。

⊕ 樹頭產生多數分枝，村民並建松樹王小廟祭祀。（1996.04）

❶ 老榕樹粗壯的樹頭及求明牌的沙盤。（1996.04）

墳地內的大榕樹

【最大的樹】

樹　高　10公尺

樹　徑　3公尺

樹　齡　約200年

▶ 地理位置

學甲中洲頭前山仔，陳姓家族私有地上的樹林中。

台灣到處寸土寸金，平地到處都是被開發過的痕跡，唯對宗教寺廟以及墳地較為忌諱，對於鬼神的畏懼倒也意外的對台灣的保育工作有所貢獻，許多老樹就

是因爲這樣而保存下來。

　　這個樹林中有數棵榕樹，樹林內相當陰暗，墳墓散佈其間，少有人跡。老樹因爲墳地有機質肥沃，生長的十分壯碩，樹身雖不高，但樹枝伸展的極遠，氣生根還伸入土中形成新株。以前大家樂流行的年代，老樹出過明牌，被尊稱爲榕仔公，早年還有鷺鷥群居於此。

　　大榕樹是因爲地處陰森的墳地而得享天年，看來台灣的保育工作還眞需要老祖先們的庇佑呢！

❶老榕樹位於風水地上，顯得相當陰森。（1996.04）

● 春天開花滿樹鮮紅，所以有四季樹之稱。（2003.04）

釧和公與四季樹

樹 高　　15公尺
樹 徑　　1.7公尺
樹 齡　　約160年

▶ 地理位置
鹽水鎮義稠里牛稠仔八掌溪畔。

　　刺桐是台灣極優美的原生樹
種，四季變化甚爲明顯。春天花
先葉而開，花朵豔紅似火，夏天
滿樹綠葉，秋冬季休眠，葉落枝
枯。台灣早期平埔族人就以刺桐
開花爲一年，所以刺桐又有四季

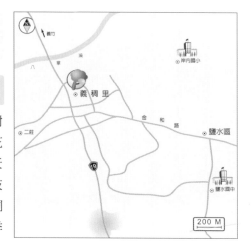

樹的稱呼。

　　根據這棵刺桐樹樹上掛牌顯
示，它種植於民國前74年，距今
約160年。釧和公原為大陸來台行
醫者，客死異鄉後，村民感念其
德，建釧和公廟以祭祀。每年農
曆8月6日為釧和公壽誕，村民會
舉辦廟會慶祝。老刺桐樹位於廟
旁，有水泥護牆保護，枝枒伸
展，生長的相當健康，尤其是開
花期，一樹火紅的花朵，從遠處
看極為醒目，令人嘆為觀止。

　　老樹在民國82年曾發生枝條
不堪負荷而斷裂的事件，後來廟
方設立不鏽鋼管為老樹支撐。

❶ 老樹樹頭有種於民國前74年的牌子。（2003.04）

❹ 夏季刺桐滿樹的綠葉。（1998.08）

● 由堤岸上看老榕樹，景觀極為開闊。（1996.04）

新營舊廊七星榕

數　高	約15公尺
樹　徑	粗達4.8公尺
樹　圍	12公尺
樹　齡	約200年

▶ 地理位置

新營市舊廊里，急水溪堤岸內。

　　新營市舊廊里為緊臨急水溪
的小村莊，早年以種植甘蔗為
主，現在仍以農業為主要產業。
村莊的主廟為供奉池府千歲的德
隆宮，也是村莊的重心。

發現台灣老樹

早年村莊時常遭受水患，池府千歲顯靈指示，要按庄頭方位種植7棵榕樹以鎮水災。經過200年的歲月，現在仍留存4棵，分別為德隆宮前左右各一棵，舊廓里30號前一棵，其中以這棵位於急水溪堤岸內的大榕樹生長最旺，是台灣少見的榕樹巨木。

　　這棵老樹由於生育地土壤肥沃，少有人為干擾，故老樹雖老，仍生機盎然，樹勢蒼勁挺拔，由河堤望去，配以河道景色，甚為心曠神怡。

　　在樹頭原有當年溪祭所安置的石敢當，現在已被老樹包起。樹頭有紅磚圈圍加以保護。

❶老榕樹的樹頭粗達4.8公尺。（1996.04）

❶從堤岸下看老榕樹一枝獨秀。（1996.04）

⬆ 老樹佔地極為寬廣，在層層建築中形成圓形的樹島。（1996.04）

安平十二佃古榕

樹　高	7公尺
樹　冠	3600餘坪
樹　齡	約110年

▶ 地理位置

台南市安平區曾文溪南岸十二佃，安南
區公學路四段54巷內。

　　十二佃是因為清道光年間有
十二位佃主來此開墾，形成市鎮
而得名，所以這棵樹亦稱十二佃
古榕樹。這棵樹是台南市佔地最
寬廣的一棵老樹，分為多枝，佔

發現台灣老樹

地約3,600餘坪。相傳古榕來由是百餘年前曾文溪常鬧水患，關聖帝君顯靈，要當地百姓在現址種植榕樹一棵以退水患。榕樹果然生長茂密，溪水因而改道。百姓感念恩德，在樹下供奉武聖廟，並同時奉祀松王公。

↑ 由各分枝垂下多數氣生根形成新的枝幹。（2002.08）

老榕樹的氣生根不斷落地形成支柱根，村民列出由盤繞的鬚根形成的各種奇特造型，有形如龍、像虎、似神鷹展翅，各種形狀不一而足的36處景點並用紅布一一其圈圍起來。

老榕樹有各種神蹟傳說，聲名遠播，民國60年代是遊覽的重點，現在已逐漸退燒。村民尊稱老樹為神榕，每年農曆元月15日為老樹做壽，參拜的民眾十分踴躍。村民還在樹下用高壓連鎖磚鋪設步道，供遊客行走。

↑ 在樹下設立的武聖廟。（2002.08）

↑ 廟方為老樹建立水泥撐架，下方鋪設連鎖磚以透氣。（2002.08）

↑ 老樹佔地極為寬廣，並有灑水設施。（2002.08）

① 這棵居中的大榕樹被選為國泰企業的標誌。 （2003.04）

國泰人壽的企業標誌

【居中的一棵】

樹　高　　17.5公尺
樹　徑　　1.7公尺
樹　齡　　約80年

▶ 地理位置

台南成功大學成功校區的榕園內。

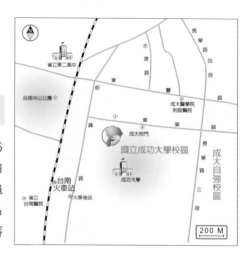

台南成大歷史悠久，前身為日本陸軍第二聯隊營區，校園內老樹眾多，有榕樹、芒果、金龜樹以及稀有的毛柿，其中最有名的該屬在成功校區榕園裡的老榕

樹。

　　榕園爲一大片草皮，其中共有三棵老榕樹。老榕樹是日本裕仁天皇大正12年來台視察時，從日本鹿兒島移植過來的，居中的一棵由於樹形整齊，生長的高大壯碩，被國泰企

● 成大校區的榕園共有三棵粗大的榕樹。（2003.04）

業選爲企業標誌，並捐獻成大100萬元做爲老樹的維護基金，學校對老樹也頗多照顧。老榕樹於民國92年4月20日歡度百歲壽誕（實際可能只有80歲），許多校友都前來爲老樹祝壽。老樹成大的驕傲，期待台灣的老樹都能受到如此的照顧。

● 榕樹下是學生、民眾休閒與聚會的好場所。（2003.04）

↑公園內這棵菩提樹可能是台灣最大的一棵。（2003.04）

台南市中山公園老樹群

【菩提樹】

樹 高	24.3公尺
樹 徑	2.3公尺
樹 齡	應超過100年

▶地理位置

台南市中山公園內。

台南市為文化古都，歷史悠久，老樹也特別多，中山公園是台南市老樹最為密集的地方。中山公園位於市中心，占地15公頃，為台南市最大的公園。

中山公園開闢甚早，日治時代稱大正公園，光復後改稱中山公園，是台南市民眾聚集運動遊玩的地方。公園內老樹成群，有雨豆樹、茄苳、金龜樹、菩提樹等老樹。較具特色的是位於中山公園南

◑ 這棵匍匐地上的金龜樹粗達2公尺。（2003.04）

側，氣勢極為宏偉的菩提樹。

菩提樹為佛教的聖樹，原產印度，生長快速，夏季落葉。這棵菩提樹在公園開闢前已存在，樹齡可能超過百年，是台南市最高的樹木，可能也是台灣最大的一棵菩提老樹。管理單位在樹下鋪設連鎖磚以透氣。

另外圍繞燕潭栽植的數十棵金龜樹，樹齡雖未超過百齡，但樹幹糾結多皺紋，十分具有老樹的架勢，其中最粗的一棵胸徑達2公尺，向地匍匐生長更顯蒼老、壯觀！

◑ 沿著湖邊種植的金龜樹是民眾休閒、乘涼的好地方。（2003.04）

〔台灣鄉間老樹〕

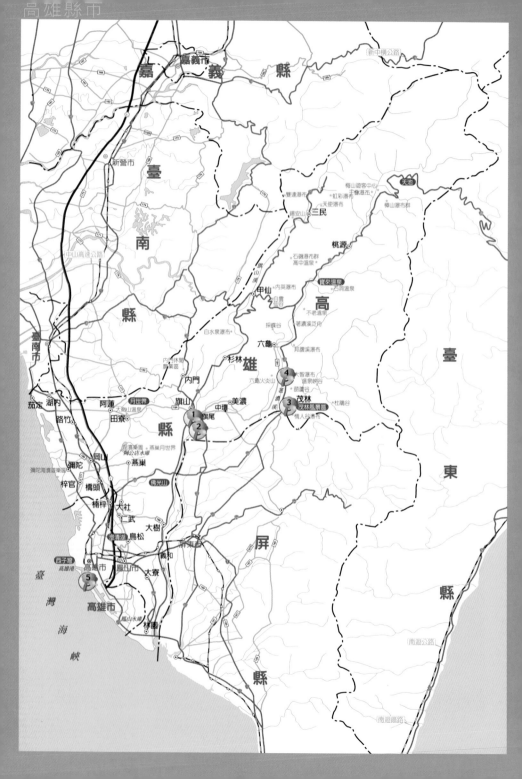

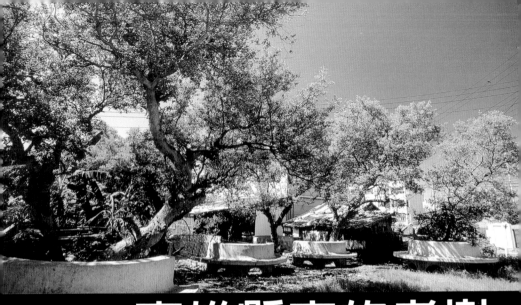

高雄縣市的老樹

高雄縣平地老樹於民國84年調查約有84棵,高雄市則以旗津區紅樹林老樹最具特色。

1 鯤洲宮前的老榕樹……406
2 天木宮前的茄苳老樹……408
3 茂林風景區內的老茄苳……410
4 台灣唯一的克蘭樹老樹……412
5 憑弔高雄灣紅樹林盛況──旗津老紅樹……414

鯤洲宮前的老榕樹

樹 高	30公尺
樹 徑	3.4公尺
樹 齡	約180年

▶地理位置

旗山鎮上洲里上洲路鯤洲宮廟前廣場。

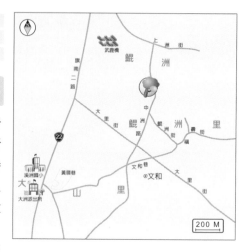

　　旗山鎮原來是平埔族人聚居之地，早期居民多種植蕃薯，所以有「蕃薯寮」之舊稱；日治時期大正9年（1920年），日本人於此設郡，因附近有旗尾山，故將此地區稱為旗山。

　　大榕樹幅緣廣大，樹冠覆蓋了廣場的三分之二，雖然身處水泥叢林，生長環境並不算好，但枝幹仍相當粗壯強健，主幹有多數支持根形成支柱。老樹盤根錯節，相互纏繞樹頭周圍有水泥護牆保護，在樹下有居民建造的小廟祭祀榕樹公。

🔸 樹頭有小廟供奉榕樹公。（2002.08）

⬆ 老榕樹位於廟前廣場，樹冠寬廣、高大聳立。（2002.08）

⬆ 老榕樹由枝幹上垂下許多氣生根入土形成支柱根。（2002.08）

● 老茄苳位於天木宮廟前廣場，環境清幽。（2002.08）

天木宮前的茄苳老樹

樹　高　8公尺
樹　徑　2.3公尺
樹　齡　約180年

▶地理位置

南洲里南洲路天木宮前，位於蜿蜒曲折的巷道內。

旗山鎮原為平埔族中的西拉雅族聚居之所，由於漢人不斷遷入，西拉雅族與漢人通婚而逐漸同化，屬於漢民族的拜樹文化也傳入此地。

這棵樹的樹幹基部有信徒用紅布圈圍以示尊崇。老樹樹幹雖粗，但樹幹曾經從上半部嚴重折斷，從下方再發出新枝，因此樹冠不大，樹頭有水泥圈圍保護。

❶ 老茄苳樹幹曾經折斷，部分樹幹也有腐朽痕跡。（2002.08）

⬆ 老樹周圍開闢步道及休憩座椅供遊客欣賞老樹。（2002.08）

茂林風景區內的老茄苳

樹　高	18公尺
樹　徑	約1.9公尺
樹　齡	約250年

▶ 地理位置

茂林鄉茂林村茂林巷13之5號，茂林鄉公所後方，茂林公園步道旁山凹斜坡下。

　　茂林原來叫「多納」，是日文屯子的譯音。居民多為排灣族與魯凱族原住民，兩族都尊崇百步蛇，所以房屋裝飾多以百步蛇花紋為圖騰。遊客到此可以享受

原住民特殊的生活習俗。

　　筆者第一次探訪時，老樹周圍並無保護措施，後來茂林風景區及紫蝶幽谷的開闢，老樹也成了重要的觀光景點，公所在斜坡上的較佳觀景處設立瑪雅亭公遊客休息，並同時眺望老樹雄偉的身影。也在老樹周圍開闢步道及休憩座椅供遊客欣賞老樹。

❶ 從斜坡上的瑪雅亭眺望茄苳老樹。（2002.08）

❶ 這棵克蘭樹老樹是台灣發現最粗壯的一棵。（1996.06）

台灣唯一的克蘭樹老樹

樹	高	15公尺
樹	徑	約1.5公尺
樹	齡	約150年

▶ 地理位置

茂林往六龜林試分所路上，六龜鄉尾庄
路55之16號路旁。

　　這棵樹是台灣唯一的克蘭樹
老樹，甚為珍貴稀有。由樹幹基
部分為兩支主幹，周圍有水泥磚
牆圈圍保護，樹前立有福德祠並
搭有棚架供村民休息、聊天之

用。

　　克蘭樹是常綠小喬木，多
分佈於台灣南部低海拔山區。
葉片寬大，圓心形，常可達20
公分。花紅色，花期5~8月，
果實為蒴果，膜質，花、果、
葉均美，觀賞價值很高，是很
值得推廣的台灣原生樹種。

❶ 克蘭樹的花、葉、果皆美。（2002.08）

❶ 老樹由樹幹基部分為兩支主幹。
（2002.08）

① 老樹位於民宅中，周圍有水泥圈圍保護。（1990.07）

憑弔高雄灣紅樹林盛況──旗津老紅樹

樹 高	10公尺
樹 徑	約0.5公尺
樹 齡	約100年以上

▶ 地理位置

旗津區中洲二路，旗津國中後方民宅內的院子中。

　　紅樹林是指生長在熱帶、亞熱帶海岸、河口泥灘地上的木本植物總稱。以往台灣西海岸曾有大量紅樹林分佈，但經過數百年開發的結果，現在紅樹林已被砍

伐殆盡，只在從台北淡水竹圍到屏東東港間間斷分佈200多公頃。經過民國48年的調查，台灣的紅樹林共有6種，分別為水筆仔、海茄苳、五梨跤（紅海欖）、欖李、紅茄苳、細蕊紅樹。

高雄港灣在日治時代遍佈紅樹林，是台灣紅樹林分佈的重心，當時訂為

❶ 高雄港灣僅存的紅樹林命運未卜。（1990.07）

「天然紀念物」，除科學研究外，禁止砍伐。但光復以來，因為港灣的開闢，紅樹林不斷的被砍除，只剩下這個民宅院子中的11棵百年老海茄苳及一棵欖李。

這裡是台灣現存最老的紅樹林。紅茄苳及細蕊紅樹早在民國70年代就在台灣絕跡，現在只剩下這12棵老樹憑弔當年的盛景。

老樹雖經旗津區公所加以圈圍保護，但樹下堆置許多雜物，晚景淒涼，原位於私人土地上，現該地將徵收做為公園使用，又有將老樹砍伐或移植之議，這些台灣最老的紅樹林最後似乎仍逃不掉消失的命運。

❶ 台灣最老的紅樹林。（1998.08）

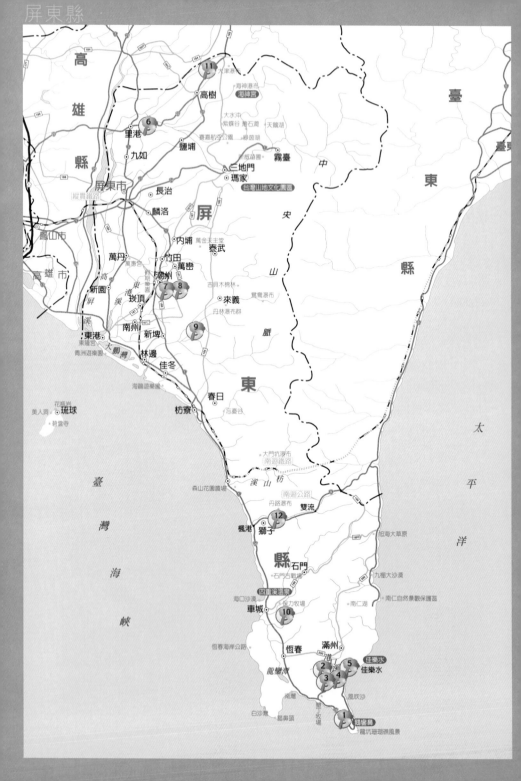

屏東縣的老樹

　　根據民國84年「屏東縣珍貴老樹」所做的調查，全縣共有79棵珍貴老樹，樹種有茄苳、榕樹、芒果、刺桐、雨豆樹、樟樹、欖仁、木麻黃、雀榕、大葉山欖、象牙樹等。許多老樹由於年代久遠而被村民尊為神樹，樹下多供奉土地公、萬應公、王爺等神祇，代表了老樹與地方信仰相結合的情形。筆者挑選了8棵鄉鎮內的老樹，以及墾丁國家公園內的棋盤腳、墾丁森林遊樂區內的銀葉樹、白榕、茄苳介紹給各位讀者。

1　相傳有惡靈的棋盤腳樹……418
2　樹幹中空的老茄苳……420
3　墾丁森林遊樂區內的白榕園……422
4　鎮園之寶的銀葉樹……424
5　台灣最大的白榕……426
6　茄苳村的茄苳老樹……428
7　老年凋零的弄璋樹……430
8　泗林村內的大榕樹……432
9　成為神棍詐財工具的茄苳樹……434
10　軍營內的茄苳萬應公……436
11　鳩佔鵲巢的大葉雀榕……438
12　伊屯公路旁的茄苳兄弟樹……440

● 這棵粗大的棋盤腳生長在墾丁香蕉灣海岸林內，以前上方枝幹曾折斷過，但從樹幹基部又萌發了許多新枝。（1997.08）

相傳有惡靈的棋盤腳樹

樹　高　　20公尺
樹　徑　　2公尺
樹　齡　　約150年

▶ 地理位置

墾丁往鵝鑾鼻的屏鵝公路邊，原生熱帶
海岸林內，由柵欄入口進入不遠處。

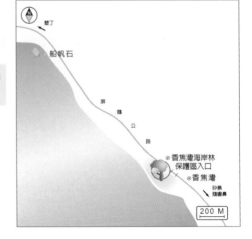

　　在台灣最南端的墾丁國家公
園，除了風景秀麗、景色宜人
外，並規劃有數個自然保護區保
護珍貴稀有物種。

　　由墾丁往鵝鑾鼻的屏鵝公路

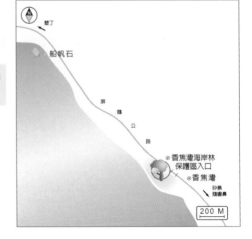

發現台灣老樹

邊，有一片台灣碩果僅存的原
生熱帶海岸林，區內由珊瑚礁
向上隆起而形成，土壤貧瘠而
且富含石灰質，形成非常特殊
的植物相，現在由墾丁國家公
園加以圈圍保護。海岸林內有
許多如棋盤腳、蓮葉桐、橄樹
等珍稀的熱帶海岸林樹種。

❶ 棋盤腳數餘夜間開花，花朵白花，有非常濃郁的香味。
（2002.08）

　　由柵欄入口進入不遠處，
即可見到這棵巨大的棋盤腳樹。棋盤腳是熱帶海岸林的優勢樹種，巨大而
油亮的樹葉叢生在枝條先端，在晚間開花，棋盤腳碩大的白色花朵，綻放
出陣陣濃郁的香味。棋盤腳的果實呈四角狀，外面包覆蠟質，裡面密佈纖
維質可幫助果實漂浮，俗稱恆春肉粽，是墾丁地區極具特色的樹種。

❶ 香蕉灣海岸林由隆起的珊瑚礁形成，土壤非常貧瘠，棋盤腳樹必須長出粗壯的根系深入珊瑚礁細縫中以穩固自己。
（2002.08）

樹幹中空的老茄苳

樹　高　15公尺
樹　徑　約3公尺
樹　齡　約300年

▶ 地理位置

墾丁國家公園森林遊樂區入口，右手邊不遠處。

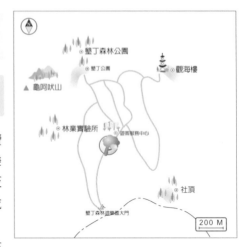

對於欣賞樹木有興趣的讀者，一定不可錯過墾丁森林遊樂區裡的白榕園、垂榕谷、銀葉板根等，這些造型各異的樹木形成了獨特的景觀。

墾丁森林遊樂區有繁茂的林木及奇特的珊瑚礁地形，區內熱帶植物廣佈，約有1,200餘種之多。這幾年林務局在園區中重新規畫整建12區植物園展示區，由13公里的步道相連結，使這裡發展成為一兼具教育、研究及遊憩功能的植物園，是認識植物與森林浴的絕佳場所。

這棵老茄苳樹是公園內重要的景觀點之一。老樹高聳於珊瑚礁岩石上，基部特別膨大，黝黑的樹幹中央已經腐朽中空，在步道的方向有一巨大的缺口，遊客可由缺口進入樹洞中央。由於珊瑚礁岩層缺乏土壤，所以老樹生長出非常強健的根系，深入周圍的土中以固著及吸收養分。到此遊，不妨欣賞一下這棵生長環境貧瘠，卻能生機盎然的老樹。

❶ 老茄苳中空的枝幹內十分寬闊，可容十餘人。（1994.03）

發現台灣老樹

❶ 老茄苳聳立在珊瑚礁岩上，裸露的跟系向外蔓延。（2002.08）

墾丁森林遊樂區內的白榕園

樹　高　約15公尺
樹　徑　多支
樹　齡　約有百年以上

▶ 地理位置

墾丁國家公園內。

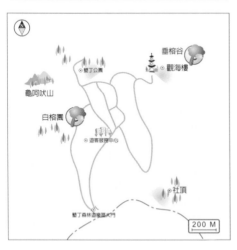

熱帶雨林組成的主角之一是桑科
的榕屬植物，這類植物有著非常獨特
的生長型態，最為特別的就是發達的
氣生根與支持根系，像平常常見的榕
樹、雀榕都是榕屬的成員。白榕與榕
樹很類似，樹皮為灰白色，葉子先端
凸尖可做區別。白榕在枝幹上生出許
多下垂性的氣生根，落入土中成為樹
幹。

墾丁國家公園內的白榕常生長於
岩石縫或礁岩裂隙之中，白榕園與垂榕谷都可以見到這種由氣生根所形成
的奇景。

白榕園內的白榕由數十支粗大枝幹形成密集的支柱，樹高約15公
尺，佔地十分寬廣，樹齡約有百年以上。

　　林務局已經將林下雜木清除乾淨，成為林蔭下的行人徒步區。同時搭建兩層的木質觀景台，遊客可以直接爬到台上欣賞周圍景觀與白榕的生態；尤其白榕結果期，更容易觀察鳥類來啄食果實的鏡頭，是一個兼具遊憩功能與環境教育好場所。

● 墾丁公園內這棵銀葉樹是台灣已知最粗壯的一棵，高聳的板根向外擴張達20公尺遠，極為壯觀，原先許多遊客會攀爬在板根上拍照，現在已經圍圈保護。（1996.07）

鎮園之寶的銀葉樹

【墾丁森林遊樂區】

樹 高	15公尺
樹 徑	1.2公尺
樹 齡	約200年

▶ 地理位置

墾丁森林遊樂區內，沙漠植物園後方。

在墾丁森林遊樂區內，沙漠植物園後方有一棵遠近馳名的銀葉樹，是森林遊樂區的鎮園之寶。

銀葉樹由於葉背佈滿銀白色

的鱗片而得名，在樹基會向周圍伸出許多高聳的板狀根系。板根的產生是熱帶雨林內樹木的特徵之一，由於熱帶雨林中土壤淺薄且貧瘠，所以樹木會產生板狀根系以利側方的支撐。這棵銀葉老樹的板根高達1.5公尺，伸展達20公尺，極為壯觀，具有很高的觀賞及教育意義。以往遊客來此多攀附在板根上拍照留念，對樹木造成很大的傷害，現在已經用欄杆加以圈圍保護。

除了這棵銀葉樹外，在周邊還有稀有的毛柿，以及1898年由日本人栽植，年紀超過百年的的光果蘇鐵，都非常值得喜愛樹木的朋友欣賞。

⬆ 位於銀葉樹附近，1898年由日本人種植，超過百年的的光果蘇鐵，莖幹非常粗壯，形成許多分支，也非常具有欣賞價值。（2002.08）

⬆ 銀葉樹是熱帶海岸林樹種，葉背銀白色而得名，會向周圍伸出板根以供固持。（2002.08）

❶ 白榕的樹幹上會垂下多數的氣生根形成樹幹，猶如一座綿延不斷的綠色宮殿。（1994.06）

台灣最大的白榕

樹　高　約10公尺
佔　地　約1000平方公尺
樹　齡　約200年

▶ 地理位置

位於鵝鑾鼻往佳樂水路邊，進入林業試驗所墾丁分所港口工作站，道路旁的苗圃後方。

　　白榕是熱帶雨林常見的樹種。熱帶雨林中榕屬植物常藉由一種特殊的方法來傳佈，其果實紅熟後，藉由鳥類吃食或其他動物傳播；鳥類無法消化果實中的

種子，便讓種子順著糞便排放到其他大樹上生根發芽，然後沿著樹頂伸出強韌的氣生根向下進入土中後，會迅速產生支根將依附的樹木纏繞，最後將之纏死佔據其生長的位置，整個過程可能長達150年，這種現象稱爲纏勒現象，扮演纏勒的榕屬植物就稱爲絞殺榕。

　　在台灣榕屬植物中，就屬白榕的氣生根最爲壯觀，具有極爲強韌的根系，主要產於恆春半島、澎湖、蘭嶼與綠島一帶。

　　這棵獨木成林的巨大白榕由於鄰近海邊，受到海風的影響，不易向上生長，爲鞏固支持，整棵樹分爲多枝主幹，生長極爲寬廣，佔地廣達1,000平方公尺。進入白榕的範圍就好像走入迷宮一樣，上面有樹冠所形成的華蓋，炎炎夏日非常陰涼，在此樹蔭下，可以好好欣賞由氣生根形成的各種糾結造型。

❶ 進入樹林中，可以欣賞樹幹糾結形成的各種造型。（2000.08）

↑ 老茄苳樹幹周圍都為水泥圍繞，生長受到侷限，但枝葉仍然茂盛。（2003.08）

茄苳村的茄苳老樹

樹	高	15公尺
樹	徑	1.9公尺
樹	齡	約500年

▶ 地理位置

里港鄉茄苳村。

　　里港鄉茄苳村有許多茄苳老樹，這棵是其中數一數二的巨木。老樹由於年代久遠，受到村民的敬仰，成為當地的信仰中心；在周圍搭上頂棚，成為村民聊天、休習、交換資訊的場所。

老樹樹幹上纏滿了紅布，在樹下並立了保安宮供奉茄苳尊王，有許多附近居民拜老樹為義子，祈求平安。每年農曆8月15日，老樹過壽，前來參拜的民眾絡繹不絕，熱鬧異常。與台中市中港路茄苳公、埔里鎮茄苳樹王公、彰化茄苳王公結拜，信眾互有往來，聯誼朝拜。

⬆ 老茄苳的樹幹已經出現腐朽現象，應該及早防治以免繼續擴散。（2003.08）

　　老樹分為四枝主幹，其中一枝已經枯死，其他各枝生長仍很茂盛。相傳荷蘭人於明朝萬曆年間，在當地種植了許多茄苳樹為行道樹，當地居民稱為茄苳腳，後又更名為茄苳村；日治時代大量砍伐，只剩下這棵老樹保存下來。

　　老樹周圍都為水泥及柏油路面包封，生長受到侷限，還好後方為農田，給老樹樹根一個發展與喘息的空間。主幹已經出現腐朽現象，應該及早治療，以維護老樹生機。

⬆ 茄苳村就是以這棵老樹為名，可見村民對老樹的敬重。（2000.08）

↑ 老茄苳雖然已經死亡多年，但粗大的樹幹仍然屹立，仍有許多善男信女前來膜拜許願。（2002.08）

老年凋零的弄璋樹

樹 高	12公尺	
樹 徑	1.8公尺	
樹 齡	據稱有500年	

▶ 地理位置

位於潮州鎮泗林里公共造產委員會所種植的大葉桃花心木樹林中，八大森林博覽樂園中。

這棵茄苳樹長在一片大葉桃花心木樹林，現由八大森林博覽樂園（前稱假期樂園）承租管理。相傳這棵老樹有弄璋的神力，在樹下設有茄苳神位，夫妻

只要到樹前祈求，必能早生貴子，所以又稱為「弄璋樹」。

　　然老樹由於年老日衰，已於近年間枯死，樹葉、細枝皆已脫落，只留存主幹。然樹幹已經產生腐朽，只有樹上附生的一株雀榕，根系從樹頂垂下，仍然生機盎然。八大森林博覽樂園將老樹稱為祈福樹，仍供遊客參拜。只不過老樹已死，是否還有神力，不得而知。

❶ 老茄苳樹幹分為兩支粗大的主幹，其中一支上面附生雀榕，雀榕根系沿著樹幹進入土中，讓老樹仍有綠意。（2002.08）

❶ 大榕樹下非常陰涼，是村民聊天、休憩的場所。（2002.08）

泗林村內的大榕樹

樹　高	18公尺
樹　徑	2.7公尺
樹　齡	約200年

▶ 地理位置

潮州鎮泗林里。

　　潮州鎮泗林里早年因為周圍四鄰都有大樹因而得名，現在因為開發的關係，周圍的大樹已經凋零死去，只剩下這棵碩果僅存的大榕樹，成為當地人的信仰中心。許多村民認為老樹有神性，

● 粗大的主幹非常健康，村民用紅布纏繞以示尊崇。（2002.08）

拜老樹為義子，也在樹頭下安置土地公神位。當地居民於樹下搭設鐵皮頂棚放置座椅，成為里民納涼、聊天的場所；並用水泥將老樹周圍圈圍保護，雖然有礙老樹根部呼吸，但老樹似乎甘之如飴，生長得健康高大。

　　榕樹因為生長快速，只要生長環境適當，幾十年內便可形成巨木，但木質鬆軟容易腐朽也是其特色。台灣平地的老樹中以榕樹的比例最高，但能生長健康沒有腐朽衰老的卻不多，泗林里這棵老榕樹卻極為難得，樹頭極為粗大，單幹直立，枝幹從樹頭直接向天空伸展，並不像澎湖通樑、台中清水、彰化濁水溪岸、台南安平十二佃等地的老榕樹向下產生氣生根形成新的支柱。

❶ 老樹原先生長在鳳梨田中,非常醒目,配合周圍景觀,具有台灣鄉間田野氣息。 (1994.06)

成爲神棍詐財工具的茄苳樹

樹	高	15公尺
樹	徑	2.4公尺
樹	齡	約450年

▶ 地理位置

新埤鄉箕湖村獅頭社區沿山公路旁,開闊的鳳梨田中。

500 M

　　這棵生長極爲茂盛的老茄苳,是屏東縣內最粗大的老茄苳。新埤鄉地處山邊,較爲偏遠,保留有自然的氣息。老樹附近山明水秀,地勢開闊,讓老樹

發現台灣老樹

有不受干擾的自然伸展空間。老樹的枝條伸展非常開張，在田野中更顯高大挺拔，老樹的樹頭極為碩壯，還長出兩顆碩大的樹瘤。

原來村民在老樹樹頭設簡便祭台祭祀茄苳公，另外在老樹後方祭祀土地公，並在老樹樹幹上綁上紅布以示隆重，形成一棵老樹共同祭拜土地公及樹神的景觀。老樹原本立地極為清幽，唯現在由於神棍利用老樹做為詐財的工具，在老樹前搭起新廟。

新廟緊鄰老樹，為了蓋廟還將老樹部分枝幹砍除，在旁搭起貨櫃屋，整日香煙不斷，使整個景觀大為失色。老樹有知，怎能不嘆息！

● 老茄苳樹幹基部由於年歲已高，產生許多樹瘤。（1994.06）

● 原先老樹並未蓋廟，只在樹前放置神桌及簡易香爐。（1994.06）

● 近年來園主將老樹填土並搭設圍欄。（2002.08）

● 在老樹前搭起小廟及貨櫃屋，立牌告示希望信徒踴躍捐輸蓋廟，原有景觀已大為失色。（2002.08）

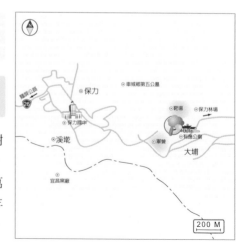

⬆ 筆者第一次初勘時，老茄苳因部分枝條折斷，顯得相當低矮。（1994.07）

軍營內的茄苳萬應公

樹　高	7公尺
樹　徑	1.9公尺
樹　齡	約300年

▶ 地理位置

車城保力村往保力林場路邊，軍方教練場的山坡上。

　　當地民眾認為這棵茄苳老樹歷經多年歲月，已經具有神意，因此加以參拜，在老樹邊建有萬應公廟，與樹神共同祭拜，每年的農曆7月15日訂為老樹壽誕，

發現台灣老樹

爲老樹舉行祭典。

　　當初軍方在徵收土地時，因順應民意而將老樹與有應公廟保存下來供民眾祭拜。老樹年歲已高，原先由樹幹分出的數支主幹，在10年前被颱風吹斷，另外幾支又腐朽中空死亡，只剩下兩支分支尚存活。腐朽部分亟應加以修補，以免腐朽範圍繼續擴大危及老樹生機。

❶ 在樹下還有神龕祭拜老樹，香火四時不絕。（2003.08）

❶ 八年後所拍的照片顯示老樹枝條逐漸長高，已經恢復生機。（2002.08）

① 大樹位於自來水廠邊，遠望相當醒目，猶如一把巨大的綠傘。 （2002.08）

鳩佔鵲巢的大葉雀榕

樹　高	20公尺	
樹　徑	2.7公尺	
樹　齡	100年	

▶ 地理位置

在高樹鄉往高雄方向，舊寮社區水廠抽水站旁。

前面介紹的纏勒現象，是榕屬植物的拿手好戲，從各株附生在老樹的榕屬植物中，我們可以觀察整個纏勒過程的演變。

這株巨大的大葉雀榕生長極

為健旺，原先這棵樹所在的位置是一棵刺桐，由於鳥類將大葉雀榕的種子傳播到刺桐身上，長大後將附生的刺桐整棵包住，現在刺桐完全被併吞、死亡，已經完全不見蹤跡，只剩大葉雀榕佔據原來的地盤，這就是榕屬植物在森林中佔據地盤的方法。

這棵老樹樹幹極為粗大，基部生有許多氣生根互相纏繞，分生十餘支枝幹，樹葉佔地寬廣，加上周圍為田野，從遠處望去極為明顯，是當地村落的地標。村民在樹頭安置樹神加以祭拜，每年農曆8月2日則為老樹做壽。

⊕ 大樹基部由村民以水泥圈圍保護，並纏上紅布加以祭拜。（2002.08）

⊕ 大樹原先是將一棵刺桐纏繞致死而佔據其位置，現在刺桐已經不見蹤跡，只留下大葉雀榕密佈的氣生根。（2002.08）

① 兩棵老樹緊鄰公路邊，樹蔭寬廣，是附近最高大的喬木。（1998.08）

伊屯公路旁的茄苳兄弟樹

樹　高　約20公尺
樹　徑　1.8公尺
樹　齡　約200年

▶ 地理位置

位於屏東縣獅子鄉台九線伊屯公路往台東方向，右手邊路旁。

　　兩棵茄苳老樹相距約50公尺，緊臨公路邊，應是當初開通馬路時所刻意保留下來的，老樹生長的相當健康，樹幹高大挺拔，東邊的那棵較為年輕，樹幹

離地約10公尺後才分枝，頂端枝條斜向上生長，可見氣勢正旺；西邊的一棵年紀較老，樹幹較粗，由基部分爲數支粗大的主幹。

　　樹下有當地民眾用鐵皮搭蓋的小廟，定時來祭拜，雖然相當簡陋，但特別有一種鄉土味的親切感。兩棵老樹當初並未登錄在平地保護老樹的檔案之中，可見台灣平地還有許多值得保護的老樹等待去發掘。

屏東縣

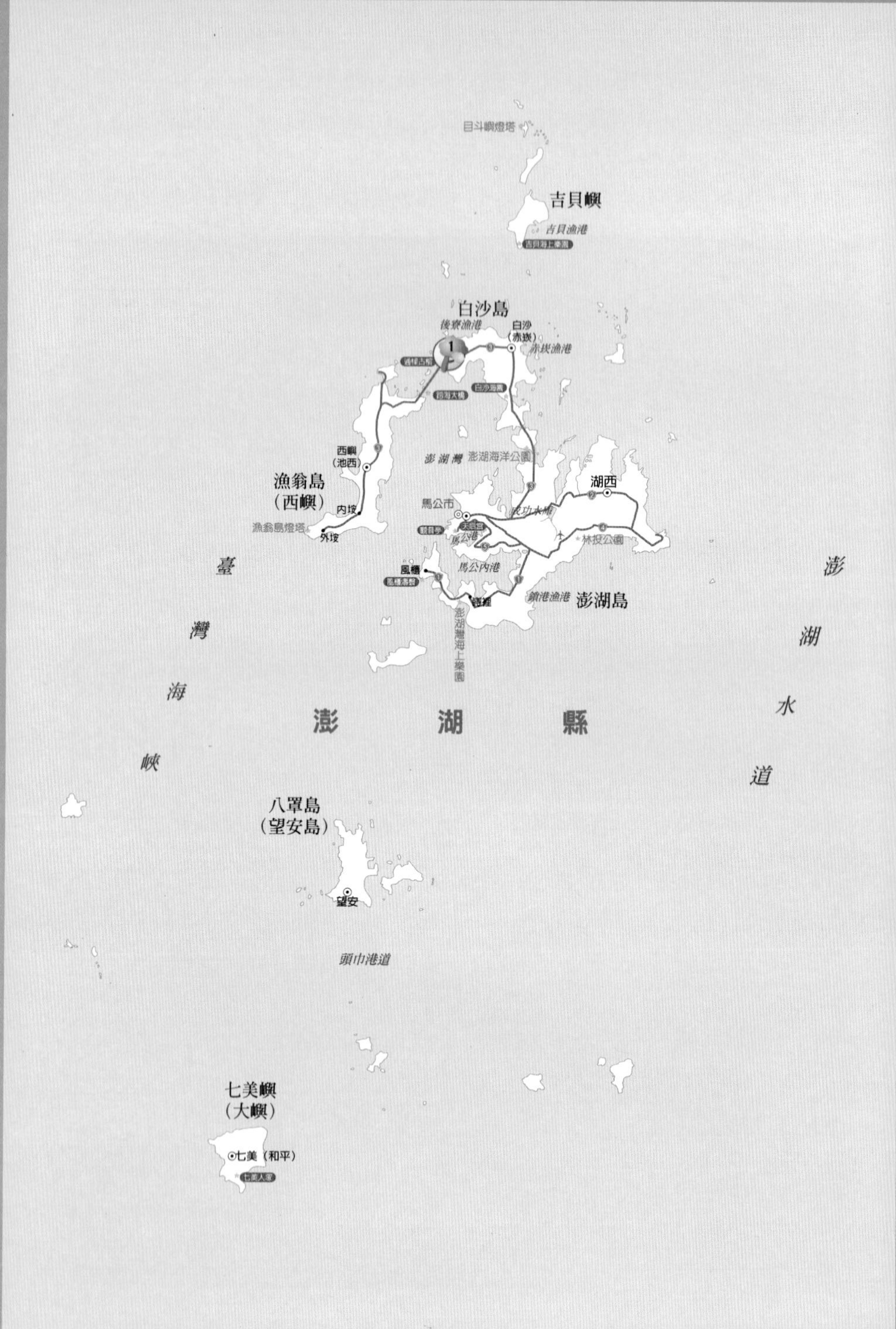

目斗嶼燈塔

吉貝嶼
吉貝漁港
吉貝海上樂園

白沙島
後寮漁港　白沙（赤崁）
通樑古榕　　赤崁漁港
跨海大橋　白沙遊憩區

澎湖灣　澎湖海洋公園

西嶼（池西）

漁翁島（西嶼）

湖西

內垵
漁翁島燈塔
外垵

馬公市

成功水庫

林投公園

風櫃
漁翁島燈塔

馬公內港

鎖港漁港

澎湖島

菜垵

金沙灘海上樂園

臺灣海峽

澎湖水道

澎　湖　縣

八罩島（望安島）

望安

頭巾港道

七美嶼（大嶼）

七美（和平）
七美人塚

澎湖縣的老樹

澎湖縣位於台灣海峽中央，由數十個島嶼所構成，地勢低平，東北季風強烈，土壤貧瘠，雨量稀少，農產品以高粱、花生為大宗。受環境所限，樹木多數較為低矮。經統計，澎湖共有27棵百年以上的老樹，樹種有榕樹、刺桐、雀榕、水黃皮、黃槿，其中以白沙村通樑大榕樹為最出名。

1 白沙鄉通樑村通樑大榕……444

● 由上空俯瞰通樑大榕，樹勢極為寬廣，佔地數百坪。（1993.08）

白沙鄉通樑村通樑大榕

樹　高	15公尺	
樹　徑	多枝、無法估算	
樹　齡	約180年（另一說為300年）	

▶ 地理位置

澎湖跨海大橋邊，保安宮前。

　　通樑大榕為澎湖最大的一棵樹，樹下分為多枝，是澎湖極富盛名的觀光景點。

　　根據記載，清朝乾隆年間有一鄭姓航商自廈門帶回榕樹盆景，贈與該村村民林瑤琴先生。

發現台灣老樹

嘉慶元年通樑保安
宮遷建於現址，林
姓村民將榕樹移植
於廟前。老榕樹因
受風力影響，樹頂
平坦轉橫向發展，
樹勢健旺，樹冠廣
達達數百坪，形成
現在通樑大榕的景
觀。

🔴 榕樹下建立許多榕樹已支撐樹體，同時在柱子旁邊引導氣生根伸入土中形成樹幹。
（1998.07）

　　當地信眾在樹
幹下立了許多水泥
支柱將枝條撐起，由樹頂枝條向下導引生出許多氣生根，伸入土中形成枝
幹；由於部分枝幹已經老朽，所以已無法辨別那一枝才是最初的主幹，信
眾將其中較粗大的一支供奉為榕樹頭，並立碑以紀念。

🔴 信眾將一支較為粗大的樹幹奉為榕樹頭，並立碑紀念。（1998.07）

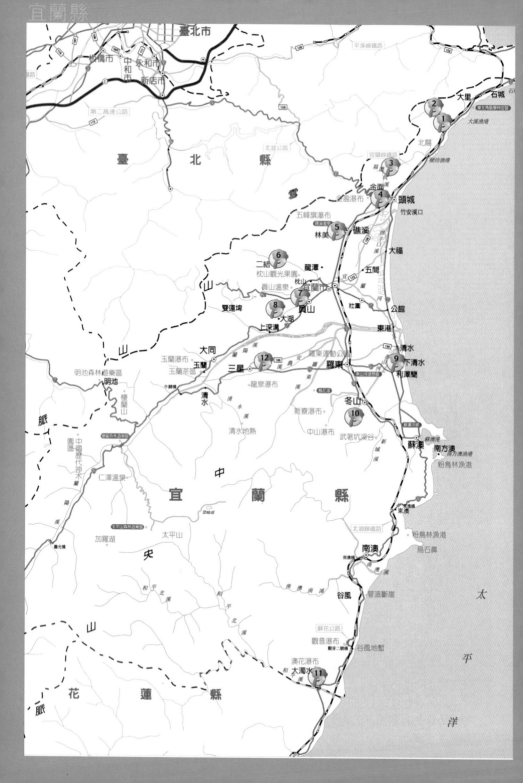

宜蘭縣的老樹

　　宜蘭縣位是台灣最多雨的地區，雖很適合植物生長，但因先人墾殖，大量砍伐林木，加以夏季多颱風，又少山脈屏障，不少殘存的老樹被天災所摧殘，所以經調查宜蘭縣平地百年以上的老樹只剩下30棵，樹種有榕樹、大葉雀榕、茄苳、楓香、刺桐、鳳凰木、朴樹、樟樹、大葉山欖等。宜蘭縣具有非常獨特的文化背景，許多老樹也帶有濃厚的文化與歷史氣息，像大葉山欖被噶瑪蘭人視為神樹，員山鄉頭份社區老茄苳是台灣歌仔戲的發源地，這些都富深厚的歷史及宗教意義。

1　鐵路邊的大葉雀榕……448
2　台灣最大的四照花……450
3　曾經救人的老榕樹……452
4　北宜公路旁的老榕樹……454
5　因颱風而元氣大傷的的大葉雀榕……456
6　福楓廟的老楓香……458
7　台灣歌仔戲的發源地……460
8　長滿附生植物的老茄苳……462
9　相傳為馬偕牧師所植的大葉山欖……464
10　全台最大的薄姜木……466
11　台灣最老的校樹……468
12　倒伏又起的老榕樹……470

🔴 從北部濱海公路遠處即可眺望到這棵台灣最大的大葉雀榕。（1995.04）

鐵路邊的大葉雀榕

樹　　高　25公尺
樹　　徑　3.4公尺
樹　　齡　約200年

▶ 地理位置

頭城鎮大溪里北迴鐵路合興隧道口的鐵道旁邊。

　　這棵大葉雀榕是台灣現在發現最為粗壯的大葉雀榕。樹冠十分寬廣，從濱海公路上即可見到這棵高大的老樹，在鄰近矮小的樹叢之間頗有鶴立雞群之感！當

初在規劃北迴鐵路路線時，即為了保護
這棵老樹而改變路線，為了避免老樹的
枝條掉落到鐵軌上影響行車，鐵路上建
了鐵絲網圍籬，對老樹的保護可說是相
當的周到。

🍂 冬季大葉雀榕樹葉落盡，只剩巍峨的枝幹高聳入天際。
（1994.02）

🔼 大葉雀榕位於北迴鐵路旁。（1994.02）

❶ 四照花位於土地公廟後方。（1994.02）

台灣最大的四照花

樹 高	12公尺
樹 徑	0.6公尺
樹 齡	約100年

▶ 地理位置

頭城鎮大溪社區內，大溪路25-3號。

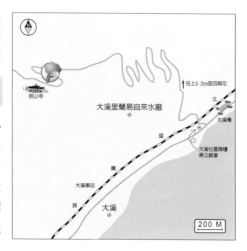

　　這棵四照花是台灣至今發現到的最大的四照花，生長狀況良好。四照花為生育地狹窄的稀有植物，於冬季落葉，在本省僅產於羅東太平山、花蓮清水山及和平鄉高海拔地區。本株四照花地

↑ 四照花為生育地狹窄的稀有植物，老樹雖不算粗大，但卻是台灣最大的四照花。
（1994.02）

↑ 四照花的枝條與花芽特寫。

處偏遠山區，樹體雖不算粗大，但這樣大的四照
花已屬罕見。在樹前建有土地公祠供奉土地公及
山神。

🔴 老榕樹從樹基分為數支粗大的主幹，並向下伸延出許多氣生根入土形成支柱根。（1996.06）

曾經救人的老榕樹

樹　高　　20公尺
樹　徑　　2公尺
樹　齡　　約150年

▶ 地理位置

頭城鎮福成里福德坑往垃圾場方向，人跡罕至的山區裡，福德坑溪旁。

這棵老樹由樹基分為數枝粗大的主幹，樹形極為優美。老樹旁的民宅久無人居，十分清幽。

據《宜蘭縣老樹傳奇》記載，民國13年福德坑溪發生大水

災，有一戶人家爬到大樹上而逃過被大水吞沒的命運，因此當地人對老樹十分敬重。

福德坑在日治時代人口鼎盛，農曆七夕時有許多人到老樹下拜拜；現在因人口外移到山下，除了部份廟宇之外，現在已少有人前來遊玩、參拜。

❶ 老榕樹遭遇多次颱風，許多枝條斷落，至今無人清理。（1998.08）

北宜公路旁的老榕樹

樹　高　　25公尺

樹　徑　　粗達4.5公尺

樹　齡　　約有250年

▶ 地理位置

宜蘭到台北的北宜公路上，在第三彎頭城鎮金面里產業道路九鳳宮前，福德祠後方。

　　由於經歷多次颱風的侵襲，這棵老樹傾倒的枝條入土後又再重新生根長葉，重新長成粗大的枝幹，形成佔地極廣的綠色樹島。

發現台灣老樹

早在清道光27年即有漢人來此開墾，並在老榕樹前供奉福德正神，較劉銘傳開闢北宜公路的前身要早了40年；後來福德祠經過重修，而成今日的面貌。

　　老榕樹於西元1984年遭受到多次颱風的侵襲，許多枝幹都斷落在地，至今無人清理，使老樹的樹蔭稀疏了不少。

⬆ 金面里老榕樹佔地極廣，枝葉扶疏。（1998.08）

❶ 大葉雀榕未被颱風折斷前的雄姿。（1994.02）

因颱風而元氣大傷的的大葉雀榕

樹	高	15公尺
樹	徑	粗達3公尺
樹	齡	約300年

▶地理位置

礁溪相林美村村尾路40號後院內。

　　老樹樹勢原來極為宏偉，筆者第一次調查時樹冠面積廣達400平方公尺。由於該地仍然非常偏僻且接近山區，保有許多樹林景觀，附近居民也有撿拾柴火以煮飯、燒水的習慣。這棵老樹

發現台灣老樹

❶ 這棵樹原本樹冠非常宏偉，1996年遭受颱風侵襲後只殘存粗大的樹頭及部分枝條猶有綠意。（1998.06）

並沒有受到特別的待遇，也無人燒香膜拜，樹上還搭有樹屋供小朋友攀爬玩耍。

　　然而民國85年間因遭受颱風的侵襲，大部分的枝條遭到折斷的命運，因此樹勢已大不如前，只殘存粗大的樹頭。

　　在大葉雀榕旁有兩棵粗大的麵包樹，估計亦有70年以上的歷史，在同種中亦算是罕見的老樹。

❶ 老楓香位於果園中，非常高大挺拔，老樹前建有福楓廟。（1996.02）

福楓廟的老楓香

樹	高	30公尺
樹	徑	1.5公尺
樹	齡	約300年

▶ 地理位置

礁溪鄉二結村二結路60號的果園中間。

這棵老楓香非常壯觀，由樹基分為兩支主幹，樹勢極為健旺，並不因年歲已高而有老態就像一把綠色的大傘，立於果園之中極為醒目。

老樹下有村民於民國58年建

❶ 老楓香樹頭生有許多青苔，益顯蒼老。（1996.02）

立的福楓廟供奉土地公、婆。當地人傳說，摘取此棵老樹樹葉泡水洗澡可以治病健身，在大家樂流行的時期也有許多樂迷前來求明牌。縣政府在老樹周圍種植花草美化，並為老樹立避雷針以防雷擊。

↑ 老茄苳於1987年遭遇颱風攔腰折斷,從樹幹基部另行萌發新枝。 (1996.07)

台灣歌仔戲的發源地

樹　高　　原為20公尺,現為4公尺。

樹　徑　　原為7-8人合抱,現只有3公尺。

樹　齡　　約有800年

▶ 地理位置

員山鄉永同路203號,頭份社區活動中心對面。

　　這棵老茄苳是宜蘭縣最具有文化與人文歷史的一棵老樹。相傳在清朝末年,台灣歌仔戲開山祖師歐來助先生即是在這棵樹下搭棚教唱,形成蘭陽平原獨特的

本地歌仔，宜蘭縣政府也在樹下立碑爲誌。當地人極爲敬重這棵老樹，每年農曆8月15日都會到老樹下祭拜。現老樹下還有小廟。

⬆ 老茄苳部分殘幹還留存在對街的活動中心內。（1996.07）

老茄苳原本生機盎然，高有近20公尺，樹圍需要7、8個大人合抱。在民國76年7月27日雅力士颱風侵襲宜蘭時，因不耐強風豪雨而折斷，現只剩下樹基約4公尺高的樹幹，樹幹也只剩下直徑3公尺殘幹。現在部分斷落的枝幹仍放置在老樹旁及活動中心的廣場上，由殘幹萌發出新生的枝條形成二代木，希望假以時日，這棵老樹能回復當年健旺的生機。

⬇ 老樹下設有小廟祭拜。（1996.07）

❶ 老茄苳樹幹及枝條上長滿各種蕨類等附生植物，形成非常特殊的生態系。 （1996.02）

長滿附生植物的老茄苳

樹　高	22公尺
樹　徑	1.8公尺
樹　齡	約有300年

▶ 地理位置

員山鄉內城村榮光路500巷16號路底的山邊私有土地上。

老樹生長在略帶傾斜的山坡上，地處偏遠，環境十分清幽。因為於陰濕的溪邊，水氣旺盛，樹上長滿了許多如山蘇花、杯狀蓋陰石蕨、毬蘭、抱樹石葦等附

發現台灣老樹

生植物，十分壯觀。許多小動物物即在附生植物基部聚集的腐質為家，形成非常特別的生態系，頗有學術研究的價值。在老樹前還設有鐵皮屋以供奉樹王公。

⬆ 老茄苳位處山邊，地勢陰濕，巍峨矗立。（1996.02）

⬆ 老茄苳枝條上的台灣山蘇花等附生植物。（1996.02）

⊕ 相傳這幾棵大葉山欖是馬偕牧師180年前親手所植。 (1996.02)

相傳爲馬偕牧師所植的大葉山欖

【最大的】

樹 高	12公尺
樹 徑	1公尺
樹 齡	約180年

▶ 地理位置

五結鄉季新村流流社季新路140號旁。

在台灣許多老樹都有土地公、樹王公等屬於漢民族的民間信仰，五結鄉季新村的三棵大葉山欖則是別具歷史意義。

相傳在西元1883年，馬偕

● 噶瑪蘭人稱大葉山欖為橄欖樹。（1996.02）

　　牧師到宜蘭傳福音時，會在每一處教堂前種植幾棵大葉山欖以咨紀念，這些樹木大都因時代變遷而消失，至今僅存在冬山河畔；現存的三棵大葉山欖，據說是馬偕牧師當年親手所植，彌足珍貴。流流社是宜蘭僅存的當地原住民平埔族的一支噶瑪蘭人所聚居的社區，現在居民多已外流。

　　這三棵大葉山欖，原住民稱為橄欖樹，成熟的果實可供食用。到冬山河親水公園遊玩時，不妨順道探訪這幾棵深具歷史意義的老樹。

❶ 薄姜木的樹頭有矮牆圍圍保護。（1996.02）

全台最大的薄姜木

樹　高　　約20公尺
樹　徑　　約1.5公尺
樹　齡　　約300年

▶ 地理位置

冬山鄉安平村安平路50號的私人土地上。

　　薄姜木產於全省山麓地帶，屬於馬鞭草科，為半落葉小喬木，木材質地堅硬，可供建築及橋樑之用。

　　這棵樹是全台最大的薄姜木，樹前建有福德廟供奉土地公

及大樹公，每月初一、十五都有村民帶著貢品前來祭拜。老樹樹頭已加以圈圍保護，宜蘭縣政府並爲老樹設避雷針以防雷擊。

⬆ 薄姜木位於私人土地上，宜蘭縣政府設置避雷針加以保護。（1996.02）

❶ 老樟樹位於操場旁邊，由主幹分為兩支粗大的分枝。（1996.02）

台灣最老的校樹

樹　高	18公尺
樹　徑	2.4公尺
樹　齡	約600年

▶ 地理位置

宜蘭縣最南端，與花蓮縣交界的南澳鄉
澳花村，澳花國小校園內。

　　澳花國小校園內的老樟樹，
是台灣學校中年齡最老的校樹。
老樟樹由主幹分為兩大分枝，由
於年代久遠，中央的樹幹已腐朽
中空，中央可容人，老樹樹勢已

衰老，但仍然枝葉扶疏庇蔭無數學子。

　　該地原為一大片樟樹林，於日治時代開闢澳花國小前身（台北州，蘇澳郡大濁水番童教育所）而砍除，這棵老樹因為特別粗大而獲得保存。西元1994年，宜蘭縣政府為老樹豎立避雷針並將老樹定名為「宜蘭南澳第一號」。

❶ 學校整建校舍時，將老樹圍圍起來，並在樹下擺置桌椅供學生休憩。（1998.08）

❶ 老榕樹與大葉雀榕互相包纏，被風吹倒後由樹幹上伸出許多支持根，蔚為奇觀。（1994.02）

倒伏又起的老榕樹

樹	高	20公尺
樹	徑	2.8公尺
樹	齡	約120年

▶ 地理位置

三星鄉拱照村大湖路35-2號，社區活動
中心旁。

　　宜蘭縣因無山脈阻擋，每遇
颱風往往首當其衝，許多老樹也
成為颱風的受害者。這棵老榕樹
就在約40年前被颱風吹倒，由於
榕樹氣生根旺盛，很快伸入土中

發現台灣老樹

吸收水分及養分，所以並未死亡，反而越見茂盛，在老樹上還經鳥雀傳播附生一棵大葉雀榕，現在兩棵樹的氣生根系，互相包纏密生成上百條支柱根，蔚為奇景。

　　村民在老樹下建有福德祠，是當地的信仰中心，許多小孩都拜老樹為契子，樹下並設有石桌椅，是夏日消暑、乘涼、聊天的好去處。

❶ 老榕樹與大葉雀榕位於社區活動中心的廣場一隅。（1994.02）

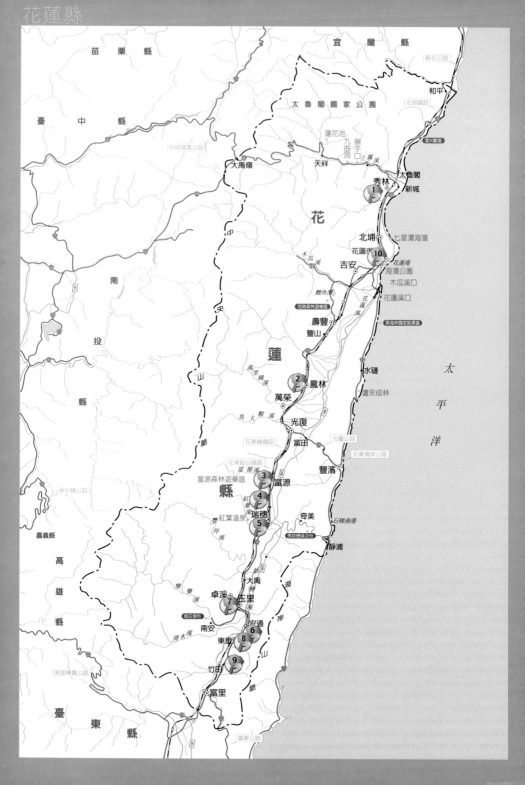

花蓮縣的老樹

花蓮縣的老樹散布於社區與部落，與當地居民的生活息息相關。根據最近的調查，花蓮縣平地的老樹共有53處，列舉其中10處，其中富里鄉東里村台灣蘇鐵、富里鄉竹田村金針山上的巨大茄苳樹、花蓮市瓊崖海棠都是獨具特色的台灣老樹。

1　三棧溪旁的老茄苳……474

2　茄苳腳的老茄苳……476

3　依附植物壯觀的老茄苳……478

4　遭受火劫的茄苳老樹……480

5　瑞穗溫泉的老茄苳……482

6　支柱根極美的老榕樹……484

7　玉里榮民醫院老樹群……486

8　台灣最大的台東蘇鐵……488

9　台灣最粗壯的老茄苳……490

10　花蓮醫院旁的瓊崖海棠行道樹……492

● 從蘇花公路舊路邊眺望茄苳老樹。（1998.08）

三棧溪旁的老茄苳

樹　高	20公尺
樹　徑	2.1公尺
樹　齡	約200年

▶ 地理位置

秀林鄉景美村與新城鄉康樂村交界三棧溪旁，蘇花公路舊道邊坡上。

　　三棧溪位於秀林鄉，風光明媚，山高水清，盛產名聞中外的玫瑰石，又稱玫瑰谷。由三棧村檢查哨進入，只見溪床豁然開朗，景觀媲美太魯閣峽谷，所以

又有小太魯閣之稱。三棧溪溯溪、撿拾玫瑰石是近年來頗受歡迎的旅遊活動。

居民認為這棵老樹庇佑村莊平安，奉為神樹，在樹基部設置香爐，每逢初一、十五都去祭拜。在樹後方的石灰岩壁上的溶蝕岩洞中，也設立了「天地聖母鎮洞神宮」的石碑，設置香爐供人祭拜。

老茄苳傾斜生長，相當健康，由樹幹分為兩支主幹，在樹上還附生了杯狀蓋陰石蕨、崖薑蕨、伏石蕨等蕨類。該路段原為蘇花公路幹道，交通極為頻繁。後來新路開成後，這段舊路車流稀疏，少有喧囂，周圍逐漸恢復為原始景觀的林蔭道路，沿路蟲鳴鳥叫，甚為清幽，是一段自行車健行遊覽的好地方。

● 老茄苳地處偏僻，樹頭設有香爐祭拜。（1998.08）

● 老樹旁邊用鐵皮搭蓋的簡易小廟。（1998.08）

● 老茄苳與年近百歲的女主人合影。（1998.08）

茄苳腳的老茄苳

樹	高	20公尺
樹	徑	2.5公尺
樹	齡	約300年

▶ 地理位置

鳳林鎮南平里平和路31號私人土地上。

台灣許多地名都與老樹有
關，如楓樹湖、烏樹林、神木村
等等，而最常見的就是茄苳腳。
這棵粗大的老茄苳是當地的地
標，當地人為了辨認方便，便稱
呼當地為「茄苳腳」。

● 老茄苳下的簡陋小廟為當年採甘蔗工人所搭建。（1998.08）

　　老茄苳生長的非常高大健壯，由主幹分為4支主枝，樹蔭非常濃密，雖然曾受風災，但從枝幹斷落處重新長出許多新芽，恢復的十分良好，生機盎然。民國80年代老樹由於根部裸露嚴重，鎮公所將老樹基部填土1公尺以鞏固樹基。

　　日治時代茄苳腳附近種滿甘蔗，那時在老樹下建了供採收工人居住的工寮，工人便在樹頭擺置香爐祭祀以求平安。附近民眾在老樹下搭建鐵皮簡易祭壇，並在樹下設置石桌椅。炎炎夏日，樹下乘涼，輕風徐來，十分涼爽。

↑ 老樹上長滿了附生植物，猶如讓老樹披上一層綠色的外衣。（1998.08）

依附植物壯觀的老茄苳

樹 高	20公尺
樹 徑	1.5公尺
樹 齡	約100年

▶ 地理位置

瑞穗鄉富源村，富源派出所後方的庭園內。

　　這棵老樟樹雖不算特別碩大，然而樹上長滿了由垂葉書帶蕨、瓜子草、台灣山蘇花、雀榕、崖薑蕨、石葦各種附生植物，形成極為特殊的空中花園，

登現台灣老樹

好像爲老樹披上一層綠衣，在藍天照映下，蔚爲奇景，許多遊客慕名而來，對於老樹上的附生植物的豐富，莫不嘖嘖稱奇。

根據當地耆老敘述，富源派出所前身爲日本時代的派出所及宿舍，當時老樹就已經在庭園中了，目前也由派出所負責照顧。老樹生長在庭園中央，在民國82年因颱風而折斷一支主枝，但恢復情形良好。由於周圍空間寬大，老樹枝條能自然伸展，實在是一棵賞心悅目的老樹。

❶ 老茄苳位於派出所後方宿舍，樹頭有水泥圍圍保護。（1998.08）

❶老樹上的依附植物猶如一個空中花園。（1994.06）

❶老樹上懸垂附生的蔓性植物--瓜子草。（1994.06）

● 在樹頭的大洞中還可見到炭灰。（1998.08）

遭受火劫的茄苳老樹

樹	高	11公尺
樹	徑	1.9公尺
樹	齡	約250年

▶ 地理位置

萬榮鄉馬遠村東光社區八鄰的道路旁。

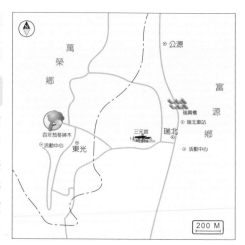

　　這個村的居民多為泰雅族原住民。老茄苳樹位於山澗旁，當初東光社區原住民來此開墾，築攔砂壩，將河流改道，開墾梯田，種植稻米；現在由於改種檳榔等淺根性作物，水土保持不

↑ 馬遠村老茄苳因為遭受火劫而顯得相當低矮。（1998.08）

良，每遇豪雨便成災，老茄苳樹寬廣的根系便發揮了水土保持的功用，保護了下遊數十戶居民的安全。

居民對老樹極為敬重，但並無像漢人般設置祭壇香爐祭拜。十幾年前，附近農田焚燒稻草，不慎引起火災，幾乎將老樹燒死，經附近居民悉心照顧，引溪水灌溉，生命力強韌的老茄苳，終於重新萌發新芽。雖然老樹樹幹上仍留存有燒焦的樹洞，但已逐漸恢復滿樹綠葉的舊觀。樹下設有石桌椅供人休憩。

↑ 在粗壯的樹幹上還附生了一株雀榕。（1998.08）

↑ 老茄苳無人祭拜，是當地除了溫泉外的另一景點。（1998.08）

瑞穗溫泉的老茄苳

樹　高	23公尺
樹　徑	1.7公尺
樹　齡	約200年

▶ 地理位置

萬榮鄉紅葉村一鄰23號的瑞穗溫泉旅社內。

　　瑞穗溫泉旅社周圍有十餘棵自然生長的老茄苳樹，因為可以遮蔭、乘涼而被保存下來，其中停車場上的一棵最為高壯，生長的相當高聳挺拔，由主幹分為三

● 老茄苳生長在溫泉旁的停車場，相當高大壯實。（1994.06）

支主枝，枝葉極為茂密，周圍有矮牆圈圍保護，並種植草花美化。當茄苳果實成熟時，會吸引大群野鳥前來覓食，鳥聲吵雜，好不熱鬧。

　　瑞穗溫泉原為阿美族的居住區，後來阿美族搬遷至海岸山脈，現在則為泰雅族與布農族聚居。此地周圍環境優美，日本時代稱作「紅葉」，為花蓮八景之一。瑞穗溫泉原為日本警察度假招待所，水質極佳，假日遊客絡繹不絕。

⤴ 老榕樹地處山凹處，生長的相當高聳。（1996.06）

支柱根極美的老榕樹

樹	高	25公尺
樹	徑	多支，難估算
樹	齡	約300年

▶ 地理位置

玉里鎮樂合里安通路往安通溫泉路上。

　　花蓮縣處斷層帶上，因此溫泉很多。

　　這棵大榕老樹自然生長於此，樹形高大，周圍風景優美，視野開闊。當初有人想在該地占地建廟，後來經當地民眾阻止。

老樹樹幹上生有許多氣生根，經歷久遠歲月，伸入地底形成許多支柱根，增加樹幹的支撐力，也增加樹冠的面積。

民國72年，當地民眾林添益先生出資整理周圍環境；民國83年由玉里鎮公所在樹頭砌水泥矮牆並設置不銹鋼欄杆及鐵鍊防止遊客破壞，樹下並設置石桌椅供遊客歇息。

❶ 榕樹由樹幹上拖曳而下的支柱根系造型極美。（1996.06）

❶ 與其他榕樹不同，這棵老榕樹上還附生許多台灣山蘇、崖薑蕨等附生植物。（1996.06）

【台灣鄉間老樹】

● 入口處的樟樹長得相當高大，是榮民醫院的地標。（1998.08）

玉里榮民醫院老樹群

【門口老樟樹】

樹	高	16公尺
樹	徑	1.2公尺
樹	齡	超過百年

【另外兩棵樟樹】

樹	高	15公尺
樹	徑	分別為1.36公尺、0.94公尺
樹	齡	超過百年

【苦楝】

樹	徑	1.3公尺
樹	齡	超過百年

▶ 地理位置

玉里鎮泰昌里新興路91號，玉里榮民醫院內。

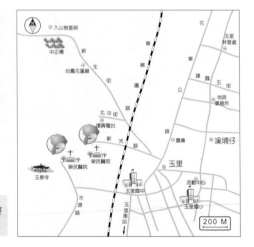

這座榮民醫院裡保留了三棵樟樹及一棵苦楝老樹。早年醫院原址爲日軍軍營及刑場，光復後改爲國軍軍營，民國46年改立榮民醫院，老樹在這樣的改制歷程裡，獲得軍方及榮民醫院的保護，得以繁茂留存。

　　醫院大門口的老樟樹生長的相當高大；另外有兩棵並肩生長於養護病人宿舍的宅院中，從基部分出數支粗大的主幹，生長壯碩繁茂，上面還有許多伏石蕨、槲蕨、杯狀蓋陰石蕨等附生蕨類。另一棵未登錄的苦楝，位於員工機車停車棚，胸徑1.3公尺，年齡應該都超過百年以上。

⬆ 榮民醫院内最大的一棵樟樹位於病房中間的空地。 （1998.08）

⬆ 這棵位於機車停車場的苦楝樹胸徑1.3公尺，
　可惜未列入保護名單中。 （1998.08）

⬆ 在老樹上附生的多種蕨類植物。 （1998.08）

❶ 入口左側的鐵樹猶如盤龍，常吸引遊客駐足圍觀。（1996.06）

台灣最大的台東蘇鐵

樹　高	6公尺
樹　徑	約0.5公尺
樹　齡	超過100年

▶ 地理位置

富里鄉東里村東里派出所內。

　　台東蘇鐵為台灣原生的蘇鐵科植物，原生地僅分佈台東清水及海岸山脈的山地。台東蘇鐵早期因分類鑑定問題被誤判為台灣蘇鐵，是地球在經過多次大變動後，留下來的古老「活化石」，

生存至今約一億四千多萬年。珍貴的野生台東蘇鐵由於常遭人濫伐、盜採，使得數量急速下降，目前在野外已非常少見。在台東縣紅葉村還有台東蘇鐵保護區，花蓮的富里鄉東里村東里則有二棵最老的台東蘇鐵。

東里派出所前身為日治時代明治33年（西元1899年）設立的大庄官吏派出所，這兩棵台東蘇鐵應是當時所種，時序變遷，派出所經過數次改建，但都將老樹保存下來。

東里派出所內的這二棵台東蘇鐵老樹，是現在發現最老的台東蘇鐵，彌足珍貴。兩株老樹都為雄性，倒伏蜿蜒於地面，狀如盤龍，氣勢非凡，

☝ 附生在樹上的石葦、台灣山蘇等蕨類植物。（1996.06）

樹幹上長有許多芽球。由於樹身太長，怕樹身無法承受而斷裂，派出所的員警將老樹用水泥架支撐，對老樹愛護至備，富里鄉公所也在老樹前豎立解說牌。

☝ 入口右側的台東蘇鐵用水泥支架支撐。（1998.06）

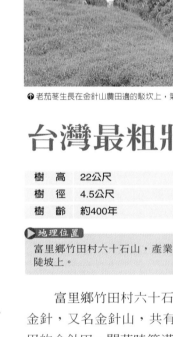

● 老茄苳生長在金針山農田邊的駁坎上，氣勢雄偉。（1996.06）

台灣最粗壯的老茄苳

樹　高	22公尺
樹　徑	4.5公尺
樹　齡	約400年

▶ 地理位置

富里鄉竹田村六十石山，產業道路下的陡坡上。

　　富里鄉竹田村六十石山盛產金針，又名金針山，共有400多甲的金針田，開花時節滿山形成一片橘紅色的花海，甚為壯觀，終年雲霧繚繞，霧氣甚大。

產業道路下的陡坡上的這棵茄苳老樹是記錄上最粗壯的茄苳老樹。樹形挺拔，由樹幹上分為四支粗壯的枝幹，其上附生多種蕨類。在金針採收時節，附近農民中午多到老樹下休息、用餐。

由於老樹下正好是排水溝出水口，每逢大雨就不斷沖刷，造成老樹基部裸露。現在老樹約有三分一的根系懸垂在空中，枝葉也略顯稀疏，若情況繼續惡化，恐有傾倒之虞，應該儘速建立駁坎護坡以保護。

⊕ 老茄苳因為表土沖刷枝葉逐漸稀疏。（1998.08）

⊕ 由基部看去，老樹的根系已經有三分之一裸露出來。（1998.08）

⊕ 老茄苳的樹幹胸徑4.5公尺，極為粗大。（1996.06）

① 民國77年的明禮路，是台灣唯一一段瓊崖海棠行道老樹。當時還沒有水泥圈圍保護，樹下也還未鋪設連鎖磚。（1988.12）

花蓮醫院旁的瓊崖海棠行道樹

全　　長	約350公尺
數　　量	40餘株
平均樹高	約7公尺
平均樹徑	0.65公尺
樹　　齡	約95年

▶ 地理位置

花蓮市花蓮醫院旁的明禮路上。

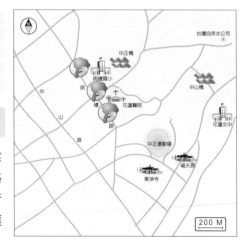

　　這裡是台灣唯一由瓊崖海棠
形成的行道樹路段，樹冠在道路
上形成一道蒼翠的拱門。這些行
道樹於民國前3年，為了紀念花蓮

醫院的前身「台灣總督府花蓮醫院」落成而種植的，是台灣唯一一段瓊崖海棠行道老樹，彌足珍貴。

老樹樹幹上有許多龜裂紋，樹上生長有許多槲蕨、杯狀蓋陰石蕨等附生植物，甚至還發現稀有的松葉蕨。

以前為了拓寬道路，在老樹樹幹周圍鋪設柏油，致使老樹因為無法呼吸而日漸衰老；後來雖將柏油挖開改鋪設植草磚，但由於車輛不斷碾壓，老樹仍生長的不甚健康，而延請樹木醫生楊甘陵老先生前來診治，將腐朽部分挖除貼上補丁。現在由花蓮縣政府為每棵老數掛牌列管保護。

↑ 瓊崖海棠的樹幹有特殊的縱向裂紋，在樹上曾發現稀有的松葉蕨。（1998.08）

↓ 經過整理後的明禮路，市容顯得相當整潔。（1998.08）

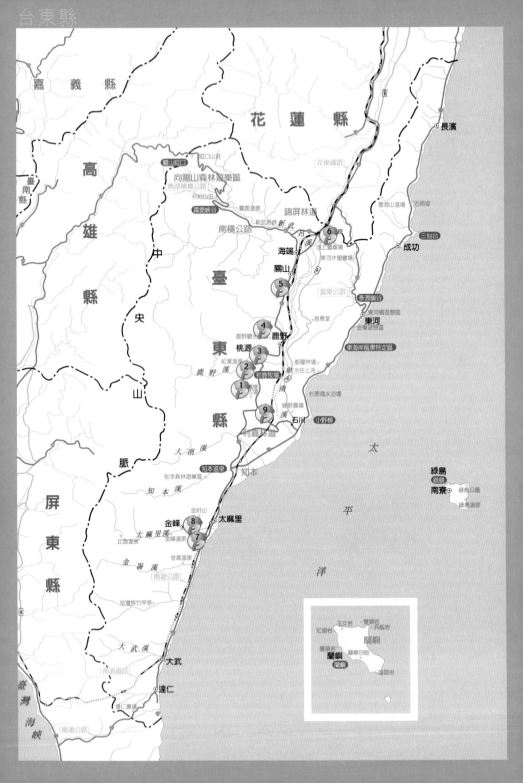

台東縣的老樹

台東縣境內主要地形為高山、縱谷、平原與海岸，為台灣第三大縣份，僅次於花蓮與南投兩縣。台東縣與其它縣市最大的不同在於原住民佔全縣人口三分之一，共有阿美族、卑南族、布農族、雅美族、排灣族、魯凱族等六族，以阿美族人口最多。

台東縣的老樹經最近的調查共有64處老樹，挑選其中9處介紹給各位讀者。

1 改良場內的白榕老樹群……496

2 形成拱門的大白榕……498

3 白榕附生的老茄苳……500

4 龍田神社前的苦楝樹……502

5 台灣最粗壯的刺桐老樹……504

6 大陂池的老櫸木……506

7 林班地上的茄苳公……508

8 阻擋洪水的大榕樹……510

9 台灣最壯麗的綠色隧道……512

❶ 台東農改場內的老榕樹與樹前的土地公小廟。（1998.08）

改良場內的白榕老樹群

【最大的一棵】

樹　高	25公尺
樹　徑	2.3公尺
樹　齡	超過200年

▶ 地理位置

卑南鄉台東區農改場斑鳩工作站園區中。

　　卑南鄉原為卑南族聚居狩獵之所，境內多為山地。鄉境內的台東區農改場斑鳩工作站成立於民國40年，主要以改良各種果樹為主，園區中種植了多種果樹品

發現台灣老樹

種。在園區裡面有5棵大榕樹，一棵在工作站大門右側，另外4棵則位於大門左側，沿著排水溝一字排開，其中最大的一棵是由兩棵榕樹與白榕互相纏繞而生，是人為種植還是自然生長已經無法考證。

　　老樹間保持非常好的距離，生長環境開闊自然，每棵老樹自然開展成為一張綠色的大傘，形成濃密的樹蔭。榕樹的一項特徵就是強韌的根系，在老榕樹上懸垂許多氣生根入地後形成支柱根，造型甚為優美，樹幹上有附生伏石蕨。在大樹下設有土地公祠，由工作站人員供奉香火。

⬆ 場內最大的一棵榕樹由榕樹與白榕交纏而生，基部有紅磚圈圍。（1996.06）

⬆ 榕樹上附生許多伏石蕨，老樹好像披上一層綠色外衣。（1998.08）

⬆ 老樹的樹冠寬廣，生長的極為粗壯。（1998.08）

❶ 山坡上的大白榕比廣場中的更顯巨大，粗大的支柱根形成中空拱門。（1998.08）

形成拱門的大白榕

樹　　高	約25公尺，樹幹分為多支。
樹　　徑	寬達22公尺
樹　　齡	約300年

▶ 地理位置

由台東農改場經過青果集貨場往舊斑鳩
山上，經過蜿蜒的山路到海拔約300公尺
處，卑南鄉美農村舊斑鳩住家庭園中及
後方。

　　這兩棵巨大的白榕，一前一
後聳立在陡坡上，氣勢極為壯
觀；遠望過去，會被這兩棵老樹
的龐大氣勢深為感動。

院中老樹下垂的支柱根形成一堵大牆，站在樹前，眼前全部被高聳的支柱根擋住，十分壯觀。位於山上的大白榕就更顯壯麗，整個樹體由多支支柱根支持，已經無法辨識主幹的位置，由側邊的一支沿路向下伸延出許多氣生根入土，形成中空的拱門狀，由各種角度看去，各有不同的美感。

　　在樹幹中間還有村民蓋的簡易萬善公祠，成為附近居民信仰祭拜的中心。居民非常尊重兩棵老樹，將附近環境打掃得相當整潔。在大家樂流行的時期，老樹還因為出過明牌而出名一時。

⬆ 位於舊斑鳩亭園中的白榕，由基部分生出數十支支柱根，村民在樹下廣場安置座椅供休閒、聊天之用。（1998.08）

⬆ 置身白榕樹下，猶如置身希臘神殿，四周高大的的支柱根極為壯觀。（1996.06）

⬆ 白榕樹下由村民所設的簡易萬善祠。（1998.08）

❶ 老茄苳上附生的粗大白榕，由樹幹上懸垂而下的白色氣生根像蛇一般將老茄苳緊緊纏住。（1998.08）

白榕附生的老茄苳

樹　高	25公尺
樹　徑	2.5公尺
樹　齡	約300年

▶ 地理位置

台9線卑南鄉明峰村龍過脈路旁。

　　這棵老樹生長得挺拔粗壯，因為位於私人土地上，在日治時代還差點因為開路而遭砍伐。

　　在樹上還附生了一棵白榕，沿著樹幹下垂的白色氣生根，由高高的空中垂入土中，形成另一

番特殊的景致。由於茄苳樹的樹勢尚旺，白榕暫時對茄苳無法構成威脅，但以長久之計，在氣生根逐漸粗大蔓延時，就應將氣生根疏伐以控制白榕的生長勢，以免日後造成對茄苳的生長產生威脅，所以現在村民決議將白榕去除以保護老樹。

　　主人對老茄苳相當照顧，將老樹周圍的環境整理得相當乾淨，還種植草花美化，雖有人出高價也不願出售。樹頭附近一顆樹瘤頗似獅頭，居民以為神樹，在老樹樹幹上纏上紅布以示尊崇。老茄苳前面的土地公廟，常有附近居民前來祭祀，香煙裊裊，成為附近的信仰中心。

◑ 由道路前方望去，老茄苳生長的筆直挺立，高大的樹冠幅緣極廣。（1996.06）

〔台灣鄉間老樹〕

● 老樹生長於日本神社前，環境寬廣，樹冠呈圓頭形。（1996.06）

龍田神社前的苦楝樹

樹 高	16公尺
樹 徑	1.6公尺
樹 齡	約100年

▶ 地理位置

鹿野鄉龍田村光榮路龍田活動中心旁。

　　苦楝是台灣原生樹木中極具觀賞價值的樹種，花、果實、樹形都很美，而且生長快速，但是壽命不長，這棵百年苦楝樹是非常稀有的。

　　這棵苦楝是東部最大的一棵

苦楝老樹，樹形非常亮麗，枝葉扶疏但並不蔭鬱，仍有部分陽光透射進來。呈半圓形的樹冠廣達150平方公尺，橫跨過半個街道。

　　老樹周圍有多株茄苳大樹陪伴，後方原為日本人於1915年設置的神社，光復後神社被拆毀，改建為崑慈堂，為當地信仰的主廟與居民聯絡感情的重要場所。老樹並無人祭拜，樹旁邊為度假中心，周圍圍牆以車輪型裝飾，在樹頭種植草皮，並圍上石塊以防踐踏，環境整理得相當整潔。

◐ 老樹周圍環境整理得相當清幽，苦楝樹頭種植草皮，周圍並圍上石塊以防踐踏。（1998.08）

❶ 位於瑞和田野間的老樹與樹前的土地公廟。（1994.06）

台灣最粗壯的刺桐老樹

樹 高	13公尺
樹 徑	粗達4.6公尺
樹 齡	超過百年

▶ 地理位置

鹿野鄉瑞和村，位於花東縱貫鐵路旁，卑南大溪旁的農田中。

這棵上百年的粗大刺桐老樹是台灣記錄上最粗壯的刺桐老樹。老樹位於寬廣的農田邊，配上海岸山脈為背景，形成十分優美宜人的景觀。

據說老樹是在百年前由一位邱姓居民所種植的，當時這裡只有七戶人家，所以舊地名為七戶仔。老樹並不很高大，由樹頭分為多枝，分枝極為綿密；由於年歲已高，開花並不茂盛。

⊕ 老樹粗達4.6公尺的樹頭。 (1996.02)

瑞和村為漢人與原住民混居的村落，居民多從事農業生產，據附近農民傳述，大家樂流行時期，老樹因為出過明牌而風靡一時，當時還造成大塞車。樹下有當地居民供奉的福德正神土地公廟。

⊕ 落葉期的老樹剛吐出鮮紅的花朵。 (1996.02)

大陂池的老欅木

樹　高	25公尺	
樹　徑	1.65公尺	
樹　齡	約170年	

▶ 地理位置

池上鄉大波村中南溪路的稻田中。

　　池上鄉由於有大陂池，土壤肥沃，引水灌溉很方便，以產優質稻米聞名。

　　這棵欅木老樹，樹形高聳獨立，老樹處身田野中，樹皮有片狀剝落痕跡，在離地2公尺處分為

數支向上伸展；配合周圍農田乾
淨環境，景色非常優美，令人心
曠神怡。

　　在樹前有一座土地公廟，附
近居民不多，除了初一、十五有
人祭拜外，平時少有人跡。

　　大陂池爲天然泉水湧出形成
的大湖泊，風景秀麗，野生鳥類
繁多，爲台東十景之一。然近年
來因爲人爲的濫墾，造成生態破
壞嚴重，現在台東縣政府正進行
整建計畫，希望能逐步恢復舊
觀。

⊕ 櫸木的樹幹有特殊的雲狀剝落痕跡。 （1998.08）

⊕ 冬季大陂池老櫸木落葉時的景觀。 （1996.02）

● 老樹位於林班地上，附近居民尊敬老樹，並為老樹纏上紅布。（1996.06）

林班地上的茄苳公

樹　高	22公尺
樹　徑	2.3公尺
樹　齡	約300年

▶ 地理位置

位於南迴公路太麻里鄉金崙段往香蘭村松子澗路邊。

　　當初農林廳進行平地老樹調查時，以鄉鎮市範圍內的老樹為主，這棵茄苳老樹因為長在林班地上，因此未列入平地老樹名單中。不過因為與附近民眾互動密

切，所以特別挑出介紹。

　　這棵樹傾斜生長在山凹處。樹幹爲深褐色，樹頭極爲粗壯，部分已經腐朽中空，產生一個大洞，成人可以從樹洞中進出，但老樹並沒有受到妨礙，一樣生長的相當茂盛，附近居民認爲老樹有神，爲老樹綁上紅布以示尊重。在老樹樹頭設有茄苳公祭台以及鐵皮遮雨棚，定時上香祭拜。

❶ 老樹傾斜生長，樹頭已經腐朽出現一個大洞。（1998.08）

❶ 樹頭的大洞可以容一個成人自由出入。（1996.06）

❶高大的榕樹樹蔭寬廣，是居民聊天、休閒的好地方。（1998.08）

阻擋洪水的大榕樹

樹　高	30公尺
樹　冠	寬達360平方公尺
樹　齡	約有300年

▶地理位置

太麻里鄉大王村橋頭11鄰13號，太麻里鄉與金峰鄉交界處。

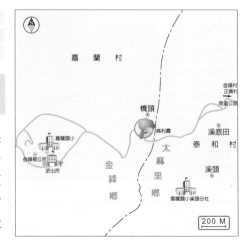

　　樹木的根系有助於水土保持，是大家都有的常識，這棵老樹寬廣的根系與強健的樹身，更能阻擋洪流救人一命。老榕樹樹形極為高大，數十支的支柱根從

↟ 樹下由村民所建古樸的土地公廟。（1998.08）

樹幹上交纏懸垂入土，形成拱門狀。

　　大王村正好是太麻里溪與支流庫拉農溪匯流處，山高水急，每遇颱風多會造成洪水暴漲，大量土石傾洩而下；老樹以其龐大的身軀阻擋洪水，保護了下游民眾的性命安全，居民感念老樹的恩德，在老樹下建了一座精緻的土地公廟及擋土牆保護老樹。現在老樹下成了附近居民休閒聊天，交誼的場所，隨著旁邊新路開闢，老樹前逐漸車馬稀少。

➡ 老樹強韌的支柱根抵擋洪流，保護下遊民眾生命安全。（1998.08）

⊕ 台9線十股段行道樹為茄苳及刺桐組成。（1996.06）

台灣最壯麗的綠色隧道

樹　高	約10公尺
樹　徑	0.6公尺
樹　齡	約90年

▶地理位置

台9號公路卑南段往檳榔十股段。

　　台灣的行道樹多命運多舛，每每因為道路拓寬、甚至因為莫須有的名義被砍伐，不斷更新汰換的結果，行道樹老樹可說少之又少。這段茄苳、刺桐行道樹是台灣地區最壯觀的行道老樹。

這段行道樹原來是日治時代當地駐在所員警為了美化道路，徵召原住民種植約10公里，1000多棵茄苳樹。後來為日治時代興建戰備跑道，民國59年道路拓寬而將部分老樹砍除；民國76年間又因道路拓寬因素要將全段老樹砍伐，後經民意強烈反對而作罷。這些老樹歷經多次保育與開發的掙扎，終能保存下來。

↑ 夏日茄苳行道樹未來往車輛帶來許多涼意。（1998.08）

老樹現在規劃為快慢車道的分隔島，部分間植於茄苳間的刺桐可能是茄苳死亡後補植。春天刺桐開花期，沿路紅色的花海，讓這段道路成為台東最美麗的公路景觀，也是台灣最壯麗的綠色隧道。

↓ 台9線的茄苳行道樹是台灣最壯觀的行道老樹。（1998.08）

陸.

老樹與民俗、保育

老樹與民俗

中國自古就有崇拜老樹的民俗，莊子「人間世」曾有櫟樹爲社祀的記載。祭祀老樹是屬於自然崇拜，像客家人崇拜的神明—明山、巾山、獨山三山神祇也屬於自然崇拜的一種。當初閩粵移民越過黑水溝來台墾荒，先民劈荊斬棘以啓山林，與毒蛇洪水奮鬥，面對自然界種種未知，基於祖先留下來的傳統，對於自然界的長老—老樹建廟崇拜，尋求精神上的寄託，乃人之常情。

台灣鄉間仍有許多老樹保留下來，主要是因民間對樹神的敬畏，所謂樹大有神，大樹前多會有小廟，老樹與小廟一直是典型的農村景觀，村民愛樹、拜樹是傳統的民俗，若是被認爲是神樹的老樹，鄉民會用紅布纏繞在老樹樹幹上，以示尊敬。苗栗公館客家庄在還

⬆ 苗栗縣公館地區民衆來向老樹請願，都要綁上紙匝的彩飾，是當地傳統的民俗。

願時會在紅布上釘掛特殊圖案的色紙，是當地特殊的民俗。

農業社會奉祀的許多神祇皆與土地、農業耕作有關。土地公廟主祀福德正神，是台灣最常見的廟宇。福德正神是農村社會與老百姓最接近的神祇，保佑管轄人民的福祉，漢人在開墾過程中，內心自然產生對土地祈求豐收的期望，故祈土地之神庇祐五穀豐收，家畜興旺，成爲移墾社會中的重要精神信仰。農村村民常供奉的尪公，即保儀尊王和保儀大夫，相傳是唐代安史之亂中，守睢陽而殉國的張巡和許遠成神的封號，在民間主爲山神和驅蟲害之神。在農業不發達的時代，蟲害對稻禾收成的影響甚大，故尪公成爲傳統農業社會的守護神，且尪公的信仰源自開拓先民的原鄉—安溪，故成爲一重要的精神中心。

古早村民在庄頭、庄尾都會建廟祭拜土地公，廟後通常會保留一棵老樹，讓老樹像一把大傘一樣，替土地公遮蔭、納涼，俗稱土地公樹，客家庄稱土地公爲伯公，所以廟後老樹也稱伯公樹。土地公廟

旁的老樹除了表示對神祇的尊重外，也具有地標作用，村民日出而作、日落而息，生活頗為單調，日常休閒常以廟為中心，聚集於樹下乘涼、聊天、交換資訊，神祇作壽、廟會等活動也為生活多一些變化，老樹下是社區凝聚向心力的重要據點。

　　有些小廟是祭拜老樹為主神，如樹王公、茄苳公、松仔公，有些則是拜土地公，如福德祠、伯公祠（客家庄）。茄苳老樹村民會在農曆8月15日為老樹祝壽，而這些樹王公廟間也有聯誼活動。像台中市台中港路老茄苳、南投埔里千年茄苳公、屏東縣里港茄苳老樹的信徒互有結拜，並互相造訪過壽。而原住民由於長年生長在大自然中，看慣了大樹，而且對樹木的觀念與漢人不同，所以並沒有拜樹習俗，因此花蓮、台東等開發較晚的地區，仍有許多村鎮內的大樹並未建廟祭拜。

　　老樹由於高壽，經過數百年歲月的風霜雪雨而能屹立不搖，老百姓非常感佩老樹旺盛的生命力，所以若家中有小孩體弱多病，父母就會帶著小孩拜老樹為義子（契子），期望樹王公能保佑小孩順利長大。也因此，每年農曆7月初7或8月15日，總會有許多父母帶著米糕、雞酒去膜拜老樹，同時更換平安符，直到小孩16歲長大成人才停止。在東方中國、日本等地，古樹被視為神聖之物，許多奉行道家的修行練武之士，經常會在月圓之日、午夜之時，進入深

● 農曆8月15日，大里市樹王公做壽，信徒求取老樹樹葉當成平安符。

山澗谷尋覓大樹，以雙腿盤坐，雙手環抱大樹，一直打坐至天明日出。據說，大樹吸納日月的精華會隨著貼合樹幹的胸口，進入體內和人的生命結合，產生神秘的力量，鍛鍊成金鋼不壞之身！以道家風水之說，樹亦有分陰陽，榕樹樹冠寬大，喜長在多水潮濕之地，樹下多陰暗，容易滋生蚊蟲，風水上歸為陰樹，所以一些住家不喜歡在家中種植榕樹。楓香喜歡生長在乾燥的向陽地，夏季枝葉扶疏，冬季落葉，寶貴的冬陽可以照進屋內，所以像楓香一般的落葉樹多歸為陽

樹。

在台灣鄉間有許多地名，像台北縣蘆洲鄉的九芎街、汐止的茄苳腳、新竹市的茄苳里、彰化市的茄苳路、台中縣大里市的樹王里、雲林縣斗六市的楓樹湖、南投縣的神木村都是因老樹而得名。當地老百姓常將老樹樹勢是否興旺與當地發展聯想在一起，若是樹勢健旺則地方繁榮，若樹勢衰老則認為是地方衰敗的惡兆，雖然有一些迷信，但可見老樹在當地居民心中的份量！

隨著社會變遷，經濟上由農業社會進入工商業社會，使得人們與賴以維生的土地日漸疏遠，對老樹的觀念也隨之改變，人與老樹的互動由單純的感情信仰變為功利的利益交換，連帶使老樹的命運遭到極大衝擊與改變。隨著開發的腳步，老樹生育地受到周圍人造物不斷壓迫，使老樹生存空間更為狹隘，甚至遭到砍伐的命運，這實在是十分可惜的事情。

民國70年代，大家樂賭博流行的時期，許多老樹成了樂迷逼問明牌的工具，他們在老樹樹頭擺上用玻璃罩起來的沙盤，希望樹神能指示明牌，樂迷相信只要夠虔誠，樹神會在沙盤上浮現會中獎的數字，沙盤上會出現各種奇形怪狀的圖形，樂迷認為只有有緣人才能破解天機，猜到正確的號碼，當時一些出名的老樹，像嘉義市劉厝的老榕樹入夜後，人聲鼎沸、猶如不夜城。得獎的樂迷會為老樹建廟、塑金身，用水泥將老樹基部包埋起來，但萬一不中則拿老樹洩憤，下毒、火燒無所不用其極。台中縣大里茄苳王公、彰化縣芬園鄉大彰路茄苳老樹、台南縣歸仁鄉武當山芒果老樹都曾遭人下毒，南投縣草屯一棵老楓香更因受不了信徒不斷焚燒金紙而落葉枯死。

在台灣，真正進行老樹保護工作的其實不是官府，而是民間。台灣低海拔的原始植物相，經數百年的開發早已被破壞殆盡，只剩平地和鄉野散存著少數先民開墾時認為是神明而加以保存下來的老樹。植物學者只能藉著這些殘存的老樹，想像當年的綠色景觀，因此老樹的保護，不只是民俗需要，在科學上也有其生態研究及植物地理學的意義。

老樹與保育

老樹糾結的樹根譜出一首首生命之歌！

　　爲了對抗森林的濫砍濫伐，印度民間向世人展現他們的決心與力量。當商人前來伐木時，許多農村婦女在長老帶領下，紛紛抱緊樹幹，希望讓樹木免受強斧之害，這個草根運動稱爲「抱樹運動」。

　　「抱樹運動」領袖巴哈古納曾經說過：「在我們的宗教書籍中，有一本書曾經提到：一棵樹就好比10個兒子，賜予我們10件很有價值的東西：氧氣、水、能量、食物、衣服、木材、藥草、房舍、花朵和遮蔭。」

　　或許是因爲我們長久以來對植物的依賴就如同呼吸一般自然，使我們理所當然地認爲：無論我們怎麼對待植物和它們的生長環境，它們依然會活得好好的。事實上，因爲人類的貪念，植物的生長環境常常在短暫的利益考量下被破壞殆盡，而逝去的森林通常永遠都回不來了。老樹是自然界無可取代的遺產，隨著人口增加、社會發展變遷、民風習俗改變，許多老樹都面臨被破壞的命運，亟待我們重視與保護。

老樹消失的原因：

一、木材與藥用：

　　400年前，大陸移民到台灣開墾，低海拔的原始森林開發下逐漸受到破壞。中海拔紅檜、扁柏的伐木作業在日治時代達到高潮，根據日本人的調查，當時阿里山地區千年以上的紅檜巨木有155,000棵以上，高昂的經濟價值讓日本人

❶千年紅檜巨木被砍伐，令人嘆息。（1986.12 太平山林場）

垂涎三尺，不惜耗費鉅資，興築阿里山森林鐵路，為的就是將阿里山的紅檜巨木砍下來，千里迢迢運到日本蓋神社。

　　光復後民生凋蔽、百廢待舉，山林中的千年巨木成了賺取外匯的最佳捷徑。50、60年代，林務局是最紅的公家單位，薪水豐厚，成為公務人員的第一志願。依循著日本人對台灣森林砍伐的腳步，當時台灣林務局太平山、八仙山、阿里山三大林場，以及省政府的大雪山林業公司、軍方的退輔會森林開發處等各單位各佔一方，大量砍伐以檜木為主的珍貴稀有林木。這些樹木有些成了建築材料，有些成了家具、木雕產品，雖有實際需要，但過度砍伐的結果，讓台灣世界級的珍貴檜木永遠無法恢復。林場中的作業林道延伸入深山達100多公里，沿途滿目瘡痍，這樣的破壞從日治時代一直到林務局由事業單位改編為行政單位後才停止。西元1935年於阿里山香林國中旁樹立的樹靈塔可做為台灣伐木歷史的證明。雖然當年伐木有其歷史、經濟上不得已的原因，然大量砍伐、竭澤而漁的結果，卻讓後代子孫飽嚐資源枯竭、水土流失之苦。

↑ 利用巨木雕刻成屏風。

↑ 尚未雕刻的巨木原材。

↑ 1935年於阿里山豎立的樹靈塔代表台灣無數被砍伐、犧牲的樹木。

19世紀中期，世界第一種塑膠賽璐璐發明，需要使用大量樟腦製造，19世紀末，台灣、日本互爭全世界最大的天然樟腦生產地，後來樟腦成為宰制全世界經濟的重要林產品，台灣原始樟木林付出了被砍伐一空的慘痛代價。當時台灣低海拔的樟樹林區遍佈樟腦寮，人們大量砍伐樟樹熬製樟腦，然後將砍伐地開闢為茶園，種植農作物。樟樹品系甚多，因此生產的樟腦良莠不齊，日治時代為求樟腦品質優良均一，曾指定一些大樟樹為採種母樹，不得砍伐。台中縣新社鄉水頭巷、新竹縣關西

↑ 楓香老樹被剝去樹皮。

鎮新富里的老樟樹都因日人指定為採種母樹而保留下來。

以前醫學不若今日昌明，傳統民俗上認為老樹具有神性，老樹的樹皮、枝條具有療效，所以民眾生病時常會剝取老樹的樹皮治病，年輕一代可能會覺得不可思議，但台南縣東山鄉東原村茄苳老樹上還掛著「信徒需要茄苳王公（葉、皮）者，請求准筊令」的告示可為證明。另外新竹縣關西鎮茅子埔的楓香老樹也被大量剝取樹皮製藥；台南縣歸仁鄉大潭武當山果樹公信徒則求取半天土、半天水以治病。若少量取用，樹木本身自然癒合的能力還可復原，但若過度採取，則會造成老樹樹勢衰老。

二、生育地受限：

隨著鄉村都市化的發展，土地變得寸土寸金，老樹原來開闊的生長空間也受到限制。老樹生育地附近被水泥或柏油覆蓋，妨害根系呼吸，也阻斷了雨水的滲

↑ 大甲鎮鎮瀾宮旁邊的老榕樹傾倒前。

透，嚴重影響老樹的健康，由於根系容易腐朽，所以遇風極容易倒伏。老樹枝條茂盛開闊，會影響旁邊高樓大廈的興建，而榕樹的根系非常強韌，則會破壞房舍建築，因此人們會修枝砍根，將老樹原來優美的樹形完全破壞，像台中縣大甲鎮鎮瀾宮旁邊的老榕樹。因道路拓寬，侷限於道路中央，生育受到限制而傾倒數次。在老樹基部宜留部分生長空間，挖開水泥或柏油，多使用植草磚、高壓連鎖磚等容易透水、透氣的鋪面材料。以利老樹的生機。台中市重慶路上的老茄苳甚至被關在屋子裏面，四周為水泥所封蓋，這樣不適宜的環境，老樹能存活多久，實在令人懷疑。

⬆ 老榕樹傾倒後扶正，但樹勢已經大為衰老。

⬆ 台南市十二佃大榕樹用高壓連鎖磚以透水、透氣，是較佳的方式。

三、住宅、道路的開闢：

　　隨著都市的發展，原有的道路不敷使用，道路拓寬的結果自然會影響一些老樹的生育地。宜蘭縣礁溪鄉五峰路中央的老楓樹；台南縣東山鄉東原村的老茄苳；台中縣東勢鎮中橫公路邊的老楓樹；台東縣鹿野鄉永安路中央的老楓香；彰化縣永靖鄉福中巷旁老榕樹等，都因道路拓寬的問題，面臨移植或砍除的命運。台中市南區工學路一棵百年老榕樹因為建築商蓋屋而遭致刨根、支解。台南縣台三線玉井段芒

⬆ 台中縣東勢鎮中橫公路旁的老楓香因道路拓寬，命運岌岌可危。

① 台中市工學路因建屋而將一棵百年老榕樹砍除
（砍除中）。

① 台中市工學路因建屋而將一棵百年老榕樹砍除（砍
除後）。

果行道樹因為道路拓寬，而芒果為直根系移植不易，而遭到刨除的命運。相對來說，台北市愛國東路茄苳行道樹移植到大度路可算幸運，新竹竹北台一線楓香行道樹則是將原先路面填土形成安全島，道路向兩邊拓寬，自然會徵收較多的私有土地。環境是否能夠改善，老樹是否能夠留存下來，民意是否願意犧牲，決定了保育政策的走向。

① 已成歷史的台三線玉井段芒果行道樹遭到被刨除的命運。

四、 不適當的移植：

許多老樹因道路拓寬或建築房屋而被砍除，若將這些老樹移植是愛樹的美意。老樹的移植需要專業與耐心，而且所費不貲，台中縣大甲鎮義和里的老榕樹於民國84年時因道路拓寬而需移植，在嘉義大學廖秋成教授的指導下，在不過度修剪的狀況下，進行斷根、施肥等前置措施，花費50萬元搬移，搬

① 園藝業者收集老樹待價而沽（攝於彰化縣田尾）。

遷時電力公司還配合停電，將電線拉高，警車為老樹開道，交通管制，大費周章將老樹移植到一公里外的體育場，現在老樹生機盎然，成為當地美談。相對於大甲榕樹的境遇，許多遊樂區、寺廟為了求速成或風水匯聚靈氣，而購買老樹裝飾門面，造成山老鼠橫行，盜取山林中的百年老樹，例如嘉義中正大學創校茄苳老樹就是遠從台東移植來，十多年來一直不見長大，而且日漸腐朽可為殷鑑。

老樹是自然天成的瑰寶，尤其樹形姿態特別優美者，更是許多盆景園藝愛好者的最愛。一棵姿態優美的老樹，市價可能高達數十甚至上百萬元。園藝業者見有利可圖，便四處收集老樹待價而沽，變相鼓勵盜挖老樹，造成老樹的生存危機。老樹老態龍鍾，活力已經相當低落，移植時若傷害太大，通常不易存活，而且老樹移植時為了減少水分蒸發，增加存活率，通常會大量修剪枝幹，對老樹的樹形造成極大破壞，即使僥倖存活，樹勢也大不如前，新竹縣關西鎮大同里七鄰伯公廟旁的200年茄苳老樹就

↑ 大甲鎮義和里老榕樹搬家前。（1993.04）

↑ 大甲鎮義和里老榕樹移植後的新家，受到良好的照顧，欣欣向榮。（1997.07）

↑ 遊樂區業者購買老樹以速成，卻造成樹勢大減。（台灣民俗村）

↑ 老樹移植後，枝幹大量修剪，樹勢破壞殆盡（嘉義水上鄉）。

是被家具業者買去，移植自宅庭園中，因生長不良而枯死。所以庭園造景最好以種植幼樹為主，待其慢慢成形，切勿追求速效移植老樹，愛之適以害之。

五、雷擊與颱風：

老樹高高聳立，容易成為落雷襲擊的目標而喪命，像阿里山神木就因遭雷擊兩次而喪命。台灣十大巨木中，鹿林神木、水庫神木都曾遭受雷擊，所以最好能在老樹上裝設避雷針以防雷擊，

● 已經傾倒的阿里山神木即因雷擊而死亡。

● 1977年南化鄉茄苳老樹傾倒時的紀錄照（經廟公同意，翻拍懸掛廟內的照片）。

● 台南南化鄉茄苳老樹遇颱風傾倒後扶正。

● 宜蘭縣員山鄉茄苳老樹因颱風折斷，枯幹仍留現場。

保護老樹及附近的居民安全。老樹樹冠寬闊，所謂樹大招風，夏季颱風侵襲往往造成老樹枝條斷落，甚至倒伏。像苗栗銅鑼中平村的苦楝、宜蘭縣礁溪鄉林美村的大葉雀榕、宜蘭縣員山鄉永同路的老茄苳、嘉義縣水上鄉苦竹寺榕樹就都遭遇颱風而傾倒。颱風來襲時宜在適當的位置立支柱以幫助支持，榕樹容易生長出不定

⊙ 榕樹用塑膠管導引氣生根，加強支持力（大甲鎮瀾宮）。

根，可在樹幹上刻傷，用竹管或塑膠管導引更多支持根增加支持力。

六、纏勒及寄生植物：

　　依附在老樹上生活的附生植物，多數不會對老樹造成嚴重傷害，但寄生植物會利用吸器侵入老樹體內奪取養分。楓香是稠欒柿寄生的易感樹種，苗栗縣卓蘭鎮老庄里、台中市大坑圓環、台中縣東勢鎮老楓香上都生長了許多稠欒柿寄生，若寄生植物數量太多，對老樹的生育還是會造成影響。榕屬的纏勒植物由鳥類傳佈種子到樹上發芽長根，以快速生長的氣生根包圍老樹樹幹，並向下深入土中，與老樹競爭陽光、水分、養分，最後將老樹勒死。屏東縣高樹鄉大葉雀榕將原先的刺桐纏勒致死，佔據老樹原

⊙ 台中縣新社鄉中和村雀榕的氣生根緊緊將附生的茄苳老樹纏住。

來的位置。台中縣中和老茄苳則被雀榕粗大的氣根緊緊纏勒。在保護老樹的觀點，過多的依附植物或纏勒植物會將老樹包緊，宜將部分去除，像台東鹿野鄉龍過脈路茄苳老樹被白榕纏勒，為了保障老茄苳的生存，近來村民已經決議將纏勒的白榕去除。

↑ 寄生於楓香老樹上的稠櫟柿寄生（台中縣東勢新伯公）。

七、病蟲害：

　　凡生物皆有天敵，老樹也不例外。許多昆蟲取食老樹葉片，吸取汁液，有些則在老樹樹幹鑽洞築巢，這是自然現象，原來不足為奇，但如果數量太多，會造成老樹樹勢衰老，且容易發生二次感染。南投縣信義鄉神木村樟樹公、苗栗公館鄉鶴岡老樟樹都曾因為蛾類幼蟲大發生而大量落葉，後經噴藥始得控制。若老樹嫩枝受到刺吸性昆蟲如蚜蟲危害，牠們分泌的蜜露容易發生煤污病，影響老樹的光合作用進行。若老樹身處潮濕且通風不良地區，則容易發生白蟻危害，白蟻在老樹樹幹內鑽洞築巢，以樹木的纖維質為食，造成老樹木質腐朽、容易傾倒。新竹縣二寮神木、台中縣后里鄉澤民樹、日月神木樹幹即因白蟻寄生造成空洞，應設法防治病

↑ 新竹縣竹北二寮神木樹基嚴重腐朽，容易傾倒。

↑ 真菌侵入樹體造成木材腐朽。

蟲害，以避免老樹傾倒的命運。

八、人為破壞：

　　以往農業時代，人與老樹的關係是和諧的，老樹與小土地公廟則是早年台灣農村最典型的寫照。農民對老樹非常敬重，是村莊中的信仰中心。老樹樹蔭寬廣，樹下是村民聚會、聊天、交換生活資訊的場所。老樹之所以能留存至今，可說不是靠官方的保護，而是靠神、靠民。然而社會型態改變，人與土地的關係不再親密，老樹的地位也逐漸被遺忘。它們被侷促在狹小的空間，樹下成了垃圾堆積場，以前大家樂流行時，樂迷不斷追求明牌，老樹也成了求明牌的工具，民眾在老樹下焚燒紙錢，飛灰滿天，影響老樹呼吸，高溫更有釀成火災的危險。中了明牌，樂迷為老樹基部灌滿水泥，妨礙根部呼吸；若是不中，甚至在老樹樹頭灌毒洩憤。台中縣大里市樹王里的老茄苳就曾發生樹頭被灌毒及火燒，雖然經民眾搶救，但樹勢已經大為衰老。近年來流行生態旅遊業，在旅遊業者刻意炒作下，老樹成為活廣告，但因遊客過多，未能有效管制也造成老樹的傷害。遊客踐踏老樹旁，造成土壤硬化，喪失保水能力，也造成根部無法呼吸。達觀山18

⬆ 園藝業者怕行道樹阻擋光線，將整排芒果樹環狀剝皮而枯死。

⬆ 在老樹樹皮上刻字。

號巨木於西元1973年被遊客生火取暖而嚴重燒傷,觀霧2號巨木也曾被修道人士砍去根部放火焚燒,鹿林巨木則被剝樹皮,像這種劣行應嚴加取締。

以往台灣省政府時期,平地老樹保育工作是由農林廳負責,每年會補助經費為老樹裝設圍籬、避雷針、去除病蟲害等措施。現在精省後,照顧老樹的責任歸於地方政府,由於地方建設經費拮据,對老樹的照顧就因鄉鎮不同而忽略不少。對於平地老樹的保育工作,主要在民間而不是政府機關在執行。有些老樹由當地廟方管理,照顧還算周到。

老樹因為開路或建屋需要移除時,應該建立老樹收容所,將老樹集中管理照顧。苗栗大湖鄉民謝粉玉女士就私人成立老樹收容所,專門收集別人不要或要砍掉的老樹,租地種植照顧。雖然經濟拮据,但謝女士不以為苦,十年如一日,此種義舉值得鼓勵。

❶ 謝粉玉女士與其收養的老樹。

❶ 南二高東山休息站設置避雷針保護老榕樹。

❶ 苗栗縣銅鑼興隆國小為大樟樹豎立避雷針。

已消失的老樹

　　人有生死，樹木亦然。在這10年的老樹調查過程中，筆者就曾看到不少老樹因為天災、人禍而壽終正寢。有些是棲息地被水泥或柏油包覆導致生長不良，逐漸枯死；有些是人為盜賣移植未成活；有些是遭遇颱風而傾倒。筆者挑選其中四棵具代表性的老樹介紹給讀者。

1. 遭遇颱風傾倒的苦楝

　　苦楝是是很常見的速生樹種，分佈於海邊到中海拔山坡的向陽地，生長快速，夏天開紫色的花，秋冬落葉期滿樹懸吊著黃色的果實，十分具有觀賞價值。苦楝在村落中雖然常見，可惜名字中的苦字讓許多百姓忌諱而將其砍除。苦楝的壽命不長，而且常遭星天牛等害蟲侵害，所以百年以上的苦楝老樹相當稀少。苗栗縣銅鑼鄉中平村28號張姓人家園中有一棵百年苦楝，樹形相當優美，樹齡約110年。樹前設有土地公廟，為該地的信仰中心，老樹也順理成章的被稱為伯公樹。根據該地區的民俗，前來許願、還願的村民都會帶彩色紙，紮繫在老樹樹幹上，是該地特有民俗。據張老太太口述，該棵老樹於民國88年因為颱風侵襲，樹幹斷裂，朝向田野的方向傾倒。村民認為老樹有神靈庇佑，所以並未壓毀房舍或傷到人，現在老樹的樹幹還放置在庭園中供人憑弔。

❶ 老樹原來位於水田邊，風景極為秀麗。（1997.09）

❶ 老樹經過颱風倒伏，現僅存樹幹留在當地供人憑弔。（2001.08）

2. 遭受火劫的楓樹湖的老楓香

楓樹湖位於斗六市往台灣稀有鳥類八色鳥的故鄉—湖本村的岔路上。早年該地山凹遍佈楓香樹，地名亦由此而來，現已砍伐一空，僅存一棵老楓香供人憑弔、追憶當年盛景。老樹極為出名，甚至連旅遊地圖上都有記載，位於民宅後方的小山坡上，屬於林姓宗族的共有地。山坡下有一清泉，頗有山林之美。

↑ 楓香老樹高高聳立於果園旁的小山坡上。（1993.11）

老樹樹高25公尺，胸徑1.6公尺，樹齡估計約300年。樹形高大雄偉，位於大片雜樹林間更顯高聳，蒼勁挺拔，樹皮皴裂成一塊塊，樹根外露伸延長達10幾公尺，當地人都尊稱老楓香為「大楓」。本有民眾前往祭拜，但由村民撤除，每年農曆8月15日莊民會來祭拜老楓樹以祈求平安，縣政府在老樹下設置步道及解說牌以方便遊客到達，一睹老樹蒼勁雄偉的丰姿。但老楓香不幸於數年前遭受火劫而被燒死，只留下燒成焦黑的枯死殘幹，對照往日的青翠、雄偉，實在令人感嘆、惋惜。但附近民眾多數語帶保留，對老樹的死亡似乎不願多題。以筆者的推測，以民眾在樹頭燃香、焚燒金紙祭拜，火苗未熄滅引發火災的可能性最大。老樹何辜！經過數百年的歲月仍難逃被火焚身的劫數。人怕出名；豬怕肥。老樹出名了！是福？是禍？

↑ 老樹原先的雄姿。（1993.11）

↑ 老樹經過火劫，只剩枯幹。（2003.08）

↑ 焦黑的樹頭已經逐漸腐朽剝落。（2003.08）

[老樹與民俗、保育]

531

3. 曾經是台灣最老的芒果樹

　　芒果原產印度，由荷蘭人引進台灣種植，在台南縣的老樹中，歸仁鄉大潭武當山玄天上帝廟後方的果樹公，是台灣記載最老的芒果樹，樹高約8公尺，胸徑2公尺，樹齡約300年。相傳老樹樹上的半天土（樹幹上堆積的腐土、灰塵）及半天水（樹上的露水）有療效，許多人都遠道前來求藥，據說相當靈驗，在大家樂瘋狂時期，老樹據說報明牌神準，一些樂迷聚集樹下更是熱鬧，但據傳聞有樂迷求明牌「摃龜」，憤而拿老樹出氣，在樹頭下毒藥，造成老樹急速枯萎。筆者民國83年第一次調查時老樹已經奄奄一息，一支主幹已經枯死，另一支僅在末稍留有部分綠葉，後來老樹終免不了枯死的命運。圖中照片已成歷史。可嘆！

❶ 老樹旁由信徒捐獻記載老樹源由的石碑。（1996.07）

❶ 筆者第一次調查時，老樹已經枯萎，只剩兩支枝幹還猶有綠意。（1994.07）

　　日治時代日本人有計畫的在台灣熱帶速生樹種，以測驗其生長情況。這棵種於台中市中山公園靠雙十路邊的大葉巴克豆，樹高約35公尺，胸徑2公尺，樹齡約100年，是台中市區最高的大樹。尤其是板根特別明顯，是熱帶雨林樹種的特徵。從公園入口處就可以見到這棵高高聳立的大樹。2002年市政府在大樹下進行填土造景工程，填土壓實後使原先裸出的根系無法呼吸，造成腐朽而大量落葉。雖延請楊甘陵樹木醫生前來診治，仍難逃逐漸枯死的命運，實在可惜。

持續發現新的老樹

　　西元1989年，農林廳調查全台灣平地及鄉鎮老樹時，是由各縣政府透過各鄉里幹事提報，全省（不包含台北市、高雄市）共報上852棵老樹。但由各縣市老樹分佈的區域可以看出，有些鄉鎮可提報數十棵，而有不少鄉鎮根本一棵都沒有，很難想像同樣在一縣之內差異如此之大，可見基層村里幹事有無盡力查訪是相當重要的關鍵。筆

⬆ 經施工填土後，老樹逐漸枯萎死亡。（2002.11）

⬆ 爪哇合歡的板根高聳，樹幹基部極美。（1995.07）

者在台中縣鄉土研究學會同好的協助下，光在台中縣東勢地區就發現了5、6棵200年以上的老樹，其中不乏位於城鎮中，香火鼎盛的老樹，政府行政命令無法貫徹可見一斑。大家都知道，資源調查是所有保育工作的基礎，近年來民間愛樹人士組成台

↑ 未列入老樹保護檔案的東勢鎮伯公老樟樹。

灣愛樹協會，期望藉由民間力量對台灣老樹進行普查，以筆者粗淺估計，台灣平地符合農林廳標準的老樹，應該會比記錄加倍，至少有1500棵以上。多找到一些具有優先保護價值的老樹，增加台灣老樹資源檔案，為台灣老樹保護工作留下這一代的成績單，應是有心人責無旁貸的工作。

↑ 未列入保護檔案中，位於東勢鎮產業道路旁的櫸木老樹。

↑ 未列入保護檔案中，東勢鎮肯坪頭里第一鄰圳寮巷400年大樟樹。

結語

發表於1854年，世界上最早的自然主義宣言中，西雅圖酋長這樣說著：

「你們怎麼能夠買賣天空、土地的溫柔、羚羊的奔馳？⋯⋯若空氣的清新、雨水的漣漪並不屬於我們所有，我們如何賣給你們？」「在我的人民心中，這土地每一部份都是神聖的；每一根閃亮的松針，每一片溫柔的海岸，每一縷黑森林中的水氣，每一塊林中空地，每一隻振翅鳴叫的昆蟲，在我人民的記憶與經驗中，都是神聖的。」

我們費盡心力教育、栽培我們的下一代，希望他們有更好的生活，更佳的生存能力，但諷刺的是，我們一直在破壞下一代賴以維生的生態環境。當世界的石油逐漸枯竭，林產資源被砍伐一空，充足的陽光、清新的空氣、無污染的飲水都不再理所當然，需付費爭取時，我們這一代的短視、自私、自以為是的生活習慣將害下一代過著更艱苦的日子。老樹能否永續存在只是自然生態系的冰山一角，我們從自然界奪去太多生存資源與能量，讓其他野生動植物缺乏生存的空間，盛極而衰乃大自然循環的規律，人類的命運將視人類如何運用智慧挽救這種危機。筆者這幾年來調查老樹最大的感觸就是：「人怎樣對待樹，人就會怎樣對待自己。」筆者寫這本書的目的並不在凸顯個人，而是想藉由老樹與人類間的互動故事，以及老樹的境遇來描繪出人們的心態。期待經由這本書，能讓讀者對台灣的老樹不再只是膚淺的比大小，而能以更虔誠自然的心態去欣賞老樹，都能對台灣的自然產生真正的關懷，並且能深刻思考如何做才是對下一代最有利的方式。

如果我們想一年四季都能在花園裡欣賞到蝴蝶，就必須先留存或種植一些蝴蝶喜歡的蜜源植物和食草，並且忍受毛毛蟲的存在。同樣地，如果我們想徜徉在自然的溫柔與清新乾淨的環境裡，我們就必須先懂得與自然、森林共生共存的道理，並且克制無限制擴大的慾望。我們要以同理心來看待大自然珍貴的綠色資產，瞭解老樹不是只屬於我們這一代所有，如此，我們的後世子孫才能有緣與它相見。

引用文獻

◎楊秋霖 1995「本省老樹面臨的威脅及保育」《現代育林》第11卷第1期 台北

◎陳明義 楊正澤 陳瑩娟 沈競辰 1994《珍貴老樹解說手冊》台灣省政府農林廳 中華民國環境綠化協會 南投

◎葉品妤等 1990《老樹巡禮》（台北縣珍貴樹木）中華民國自然與生態攝影學會 台北

◎陳明義 楊正澤 沈競辰 1996《台灣老樹誌》台灣省政府農林廳 中華民國環境綠化協會 南投

◎陳瑩娟 1995《台灣省都會與鄉村老樹之伴生動植物》國立中興大學植物學研究所碩士論文 台中

◎黃文瑞 李西勳 1993《南投縣珍貴老樹的歷史源流與掌故傳說》南投縣政府 南投

◎劉盛興 1995《屏東縣珍貴老樹歷史源流與掌故傳說》屏東縣政府 屏東

◎張強 謝其煦 1995《苗栗縣珍貴老樹巡禮》苗栗縣政府 苗栗

◎甘楚垣等 1995《桃園縣珍貴老樹歷史源流與掌故傳說》桃園縣政府 桃園

◎楊吉壽等 1998《高雄市珍貴樹木》高雄市政府 高雄市

◎李西勳 張瑞卿 1994《雲林縣珍貴老樹巡禮》雲林縣政府 雲林

◎胡宏渝 翁隆禧 李清榮等 1995《金鈴樹-嘉義縣珍貴老樹專輯》嘉義縣政府 嘉義

◎黃義芳 黃哲雄 1995《嘉義市植物導覽》嘉義市政府

◎楊甘陵 洪日盛 1995《新竹縣市珍貴老樹的歷史源流與掌故傳說》新竹縣政府

◎黃文博 1995《樹王公傳奇——台南縣珍貴老樹的源流與掌故》台南縣政府

◎陳世輝 李思明 1995《花蓮縣珍貴老樹》花蓮縣政府

◎廖麗玲 盧淑敏 張鳳娟 1995《台北縣珍貴老樹巡禮》台北縣政府

◎黃文瑞 張瑞卿 1994《彰化縣珍貴老樹的歷史源流與掌故傳說》彰化縣政府

◎呂勇藤 鄭綉鳳 1995《澎湖縣珍貴老樹》澎湖縣政府

◎林楠顯 1994《台中市珍貴老樹的歷史源流與掌故傳說》台中市政府

◎潘芸萍 李錕鐘 李振昌 1995《宜蘭縣老樹傳奇 —— 樹大好遮蔭》宜蘭縣政府

◎黃文瑞 李西勳 林楠顯 1994《台中縣珍貴老樹巡禮》台中縣政府

◎林韻梅 趙川明 林勝賢 駱國明 1995《台東縣珍貴老樹歷史源流與掌故傳說》台東縣政府

◎張榮祥 陳宗維 1997《古城老樹 —— 台南市珍貴老樹歷史掌故與源流》台南市政府

◎黃暉榮 柯貴祥 1995《樹蔭大地，流轉歲月 —— 高雄縣珍貴老樹的源流與掌故》高雄縣政府

◎呂福原 歐辰雄 呂金誠 2001《台灣樹木解說》1-5冊 行政院農業委員會 台北

◎劉業經 1980《台灣重要樹木彩色圖誌》國立中興大學 台中

◎劉業經 呂福原 歐辰雄 1994《台灣樹木誌》國立中興大學 台中

◎郭城孟 2001《蕨類圖鑑》遠流出版社 台北

◎鄭武燦 2000《台灣植物圖鑑》國立編譯館 台北

查詢更多台灣老樹資訊可上特有生物研究保育中心網站：

各地區老樹：

http:wwwdb.tesri.gov.tw/tree/old_tree/old_tree.asp

各地珍貴行道樹：

http:wwwdb.tesri.gov.tw/tree/shade_tree/shade_tree_map.asp

（資料來源：特有生物研究與保育中心 沈秀雀 小姐）

國家圖書館出版品預行編目資料

發現台灣老樹／沈競辰　圖‧文.－－初版.
－－臺中市：晨星，2004〔民93〕
面；　公分.－－（自然地圖；22）

ISBN 957-455-595-X（平裝）

436.13232　　　　　　　　　　32023180

台灣地圖 22

發現台灣老樹

著　　　者	沈　競　辰
總 編 輯	林　美　蘭
文 字 編 輯	楊　嘉　殷
美 術 設 計	李　靜　姿

發 行 人	陳　銘　民
發 行 所	晨星出版有限公司
	台中市407工業區30路1號
	TEL:(04)23595820　FAX:(04)23597123
	E-mail:service@morningstar.com.tw
	http://www.morningstar.com.tw
	郵政劃撥：22326758
	行政院新聞局局版台業字第2500號

法律顧問	甘　龍　強　律師
印 製	知文企業（股）公司　TEL:(04)23581803
初 版	西元2004年02月28日

總 經 銷	知己實業股份有限公司
	〈台北公司〉台北市106羅斯福路二段79號4F之9
	TEL:(02)23672044　FAX:(02)23635741
	〈台中公司〉台中市407工業區30路1號
	TEL:(04)23595819　FAX:(04)23597123

定價650元
（缺頁或破損的書，請寄回更換）
ISBN.957-455-595-X
Published by Morning Star Publisher Inc.
Printed in Taiwan

更方便的購書方式：

(1) **信用卡訂購**　填妥「信用卡訂購單」，傳眞或郵寄至本公司。

(2) **郵政劃撥**　　帳戶：晨星出版有限公司
　　　　　　　　帳號：22326758
　　　　　　　　在通信欄中填明叢書編號、書名及數量即可。

(3) **通信訂購**　　填妥訂購人姓名、地址及購買明細資料，連同支
　　　　　　　　票或匯票寄至本社。

◎ 購買1本以上9折，5本以上85折，10本以上8折優待。

◎ 訂購3本以下如需掛號請另付掛號費30元。

◎ 服務專線：(04)23595819-231　FAX：(04)23597123

◎ 網址：http://www.morningstar.com.tw

◎ E-mail:itmt@ms55.hinet.net

◆讀者回函卡◆

讀者資料：

姓名：＿＿＿＿＿＿＿＿　　　性別：□ 男　□ 女

生日：　／　　／　　　　身分證字號：＿＿＿＿＿＿＿＿

地址：□□□＿＿＿＿＿＿＿＿＿＿＿＿＿＿＿＿

聯絡電話：　　　　　（公司）　　　　　（家中）

E-mail ＿＿＿＿＿＿＿＿＿＿＿＿＿＿＿＿＿＿

職業：□ 學生　　□ 教師　　□ 內勤職員　□ 家庭主婦
　　　□ SOHO族　□ 企業主管　□ 服務業　　□ 製造業
　　　□ 醫藥護理　□ 軍警　　□ 資訊業　　□ 銷售業務
　　　□ 其他＿＿＿＿＿＿＿＿＿

購買書名：發現台灣老樹

您從哪裡得知本書：□ 書店　　□ 報紙廣告　□ 雜誌廣告　□ 親友介紹

□ 海報　　□ 廣播　　□ 其他：＿＿＿＿＿＿＿＿＿＿＿

您對本書評價：（請填代號 1. 非常滿意　2. 滿意　3. 尚可　4. 再改進）

封面設計＿＿＿＿＿版面編排＿＿＿＿＿內容＿＿＿＿＿文／譯筆＿＿＿＿＿

您的閱讀嗜好：

□ 哲學　　□ 心理學　□ 宗教　　□ 自然生態　□ 流行趨勢　□ 醫療保健
□ 財經企管　□ 史地　　□ 傳記　　□ 文學　　□ 散文　　□ 原住民
□ 小說　　□ 親子叢書　□ 休閒旅遊　□ 其他＿＿＿＿＿＿＿＿＿

信用卡訂購單（要購書的讀者請填以下資料）

書　　　　名	數　量	金　額	書　　　　名	數　量	金　額

□VISA　　□JCB　　□萬事達卡　　□運通卡　　□聯合信用卡

●卡號：＿＿＿＿＿＿＿＿＿　●信用卡有效期限：＿＿＿＿年＿＿＿＿月

●訂購總金額：＿＿＿＿＿＿元　●身分證字號：＿＿＿＿＿＿＿＿

●持卡人簽名：＿＿＿＿＿＿＿＿（與信用卡簽名同）

●訂購日期：＿＿＿＿年＿＿＿＿月＿＿＿＿日

填妥本單請直接郵寄回本社或傳真(04)23597123